AF591631

LA SOIE

LES VERS ET LES COCONS

TIRÉS DU

THÉATRE D'AGRICULTURE

D'OLIVIER DE SERRES

de Villeneuve-de-Berg (Ardèche).

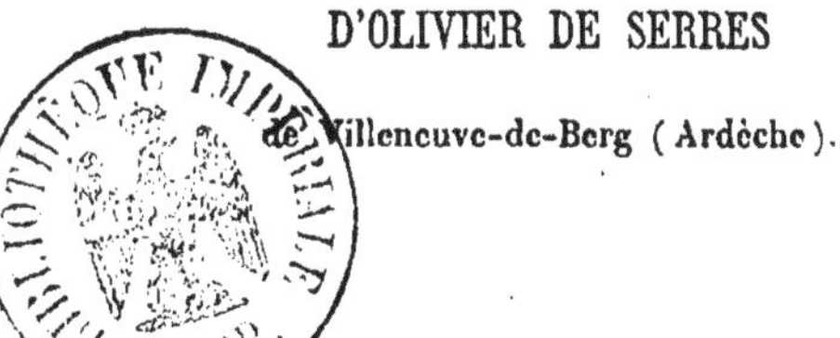

LYON
IMPRIMERIE D'AIMÉ VINGTRINIER
RUE BELLE-CORDIÈRE, 14.

1863

AVIS.

Parmi les meilleurs ouvrages qui se sont occupés de l'éducation des vers à soie, aucun n'a valu encore les laborieux travaux de notre compatriote le célèbre Olivier de Serres. — Nous avons cru rendre service aux nombreux éducateurs du midi de la France en reproduisant un chapitre tiré de son *Théâtre d'agriculture*, si rare aujourd'hui et dont la réputation est allée toujours en grandissant depuis qu'il fut publié, au commencement du XVIIe siècle, par autorisation d'Henri IV.

CULTY.

LA SOIE

LES VERS ET LES COCONS

TIRÉS DU

THÉATRE D'AGRICULTURE.

LA CUEILLETTE DE LA SOIE PAR LA NOURRITURE DES VERS QUI LA FONT.

Si le ver à soie eût été connu des anciens auteurs d'agriculture, l'on ne doute pas que la louange d'un si riche animal n'eût été faite par eux, ainsi qu'ils ont fait celle des mouches à miel ; mais au défaut de cela, il a demeuré sans nom plusieurs siècles. Virgile parle, comme en passant, de la riche toison que produisent les forêts d'Ethiopie et de Sères, sans faire mention de sa qualité ni du moyen de la recueillir. Voici ses mots :

Quid nemora Æthiopum molli canentia lana
Velleraque ut foliis depectant tenuia Seres ?

Quelques-uns, comme Solin et Servius, ont estimé que c'était la soie, et qu'elle procède directement des arbres. Tel a été le premier avis de la soie donné en Italie, qui fut du règne de l'empereur Octavian Auguste, confirmé par Pline plus de septante ans après (car il vivait au temps de Vespasien). Il ajoute qu'en l'île de Coo croissaient des cyprès, térébinthes, frênes et chênes; les feuilles desquels arbres tombant de maturité produisaient par leur humidité des vers qui faisaient la soie. Qu'en Assyrie, le ver à soie, animal du genre des insectes, appelé des Grecs et Latins *Bombyx*, fait son nid avec de la terre, qu'il attache contre les pierres, où il l'endurcit très-fort, s'y conservant toute l'année. Que, comme les araignées, il fait des toiles. Il dit aussi, avec Aristote : Qu'en l'île de Coo, Pamphila, fille de Latoüs, a été l'inventrice de filer et tisser la soie : par lesquels discours enveloppés, et comparés à la pratique de ce temps, il appert combien loin étaient les anciens de la vraie connaissance des vers à soie, n'ayant su d'où ils procèdent ni de quoi ils sont nourris, ainsi qu'ils témoignent par leur silence, ne parlant point de leur graine et des feuilles de mûrier pour leur nourriture. Vopiscus témoigne que, du temps de l'empereur Aurélien (deux cents ans après Vespasien et davantage), la soie se vendait au poids de l'or : pour laquelle cherté, mais principalement pour la modestie, ce prince-là ne voulut jamais porter robe toute de soie, mais seulement mélangée avec quelque autre matière ; bien qu'Héliogale, son devancier, n'eût pas été si retenu, comme dit Lampridius. Semblable modestie se remarque du roi Henry second, n'ayant jamais voulu porter des bas de soie, encore que de son temps l'usage en fût déjà reçu en France. Plusieurs autres, en divers temps, ont aussi parlé de la soie, comme Solin, Marcelin et Servius qui nomme le ver à soie *Zir*, d'où vient le mot latin *sericum*, c'est-à-dire soie, selon le témoignage de Pausanias en sa description de la Grèce. Martial fait aussi mention de la soie par ces vers :

Nec vaga tam tenui discursat aranea tela,
Tam leve nec bombyx pendulus urget opus.

Et de l'ouvrage des vers à soie, Properce dit :

Nec si qua Arabio lucet bombyce puella.

Ulpian, ancien jurisconsulte, parle de la soie au titre : *De auro et argento legato i vestis :* en cette sorte, *Vestimentorum sunt omnia lanea, lineaque vel serica, bombycina, etc.*

C'est chose reçue de tous que les habitants du pays

de Sères ont les premiers mis en usage la soie, en ayant tiré la semence de l'île Taprobane, autrement Sumatra, située sous l'équinoxe, éloigné d'eux de quarante-six à quarante-huit degrés de latitude. Le pays de Sères, ainsi dit d'une ville de la province, est celui qu'on nomme aujourd'hui Catay et Cambalu, en l'Asie Orientale, joignant de l'Occident à la Scytie Asiatique, et du Midi à l'Inde, dominé par le grand Cham de Tartarie. Ensuite la soie fut apportée en Europe par deux moines qui, de Sera, ville du pays de Catay, portèrent la graine de vers à soie à Justinian, à Constantinople (le règne duquel empereur commença l'an de J.-C., cinq cent vingt-six), d'où la science d'élever ce bétail s'est répandue par toute l'Europe : ainsi l'a écrit Procopius après plusieurs autres. La manière d'employer la soie est sortie de la ville de Panorme en Sicile, où premièrement elle a paru par le moyen de certains ouvriers en cet art-là, emmenés prisonniers par Roger Roy, de ladite île de Sicile, au temps de l'empereur Conrad. Finalement ces belles connaissances sont venues en certaines provinces de ce royaume; seulement par trait de temps et non pas à la fois. Car comme Dieu a accoutumé de distribuer ses bienfaits petit à petit pour nous faire d'autant mieux savourer ses grâces; ainsi la connaissance du mûrier nous a été premièrement donnée, puis celle de son usage, afin de faire provision de pâture avant que d'être chargé de bétail.

Je ne rechercherai pas ici les causes et le temps de leur introduction en ce royaume plus avant que du règne de Charles huitième. Au voyage que ce roi fit au royaume de Naples, l'an mil quatre cent quatre-vingt-quatorze, quelques gentilshommes de sa suite y ayant remarqué la richesse de la soie, à leur retour chez eux apportèrent l'affection de pourvoir leurs maisons de cette commodité. Les guerres d'Italie étant finies, ils envoyèrent à Naples querir du plant de mûriers qu'ils logèrent en Provence, le peu de distance qu'il y a des climats d'un pays à l'autre facilitant l'entreprise. Quelques-uns disent que ce fut en l'extrémité de cette province, qui est enfermée dans celle du Dauphiné, où premièrement les mûriers abordèrent; marquant même Alan, près du Montélimar, qui en fut alors pourvu par le moyen de son seigneur qui avait accompagné le roi en son voyage (comme les vieux et gros mûriers blancs qu'on y voit aujourd'hui en donnent quelque témoignage). Or, soit là ou ailleurs, c'est chose assurée, qu'en divers endroits de la Provence, du Languedoc, du Dauphiné, de la principauté d'Orange, et surtout de la Comté de Venaissin et Archevêché d'Avignon (pour le grand commerce qu'ils ont avec les Italiens) les mûriers et leur service y sont à présent très-bien reconnus. C'est là aussi qu'avec beaucoup de lustre on voit la manufacture de la soie; et de jour à autre croit l'affection de planter des mûriers, pour le profit assuré qui en revient. En somme, c'est là où le revenu du mûrier est tenu pour le denier le plus liquide qui tombe dans la bourse. A Tours, ce négoce est déjà reçu avec utilité et applaudissement; et depuis quelques années il a commencé à se pratiquer à Caen, en la basse Normandie; encore inconnu au restant de ce royaume par la négligence de ses habitants, et à la honte de presque toutes ses provinces; puisqu'en icelles le mûrier et ensuite le ver à soie peut vivre et profiter. Pour l'affection que je porte au public, j'ai, dès le commencement de l'année mil cinq cent quatre-vingt dix-neuf, fait imprimer un traité particulier de cette nourriture, intitulé : *la Cueillette de la soie*, et adressé à Messieurs de l'hôtel-de-ville de Paris, afin que leurs peuples fussent incités par là à tirer des entrailles de leurs terres le trésor de soie qui y est caché; par ce moyen, mettant en évidence des millions d'or qui y croupissent, et par cette richesse achevant de décorer leur ville du dernier de ses ornements, abondante au reste en toute sorte de biens. Entre les beaux lieux de la campagne de Paris, j'ai remarqué Madrid et le bois de Vincennes, maisons royales, très-capables à recevoir et à nourrir trois cent mille mûriers, pour l'étendue et qualité de leurs fonds; et pour la faculté de l'air, la feuille de ces arbres, en son temps, pouvait être profitablement employée : dont l'apparence est grande d'en retirer abondance de soie à l'utilité publique et à la particulière commodité de la ville de Paris, quand la manufacture de la soie y nourrirait un nombre infini de ses pauvres habitants et de personnes pauvres et misérables qui y viennent de toutes les provinces de ce royaume.

Là où croît la vigne, la soie y peut venir aussi ; démonstration très-claire suffisamment vérifiée par des expériences réitérées en divers pays de différents climats. Même passant plus outre, où le seul mûrier vit, sans parler de la vigne, le ver à soie ne laisse de profiter, comme il a été reconnu naguère dans la ville de Leiden en Hollande aux années mil cinq cent quatre-vingt-treize, quatre-vingt-quatorze et quatre-vingt-quinze, où Mme la duchesse d'Ascot fit nourrir des vers à soie heureusement ; et de la soie qui en sortit se sont fait des habits que ses demoiselles ont porté avec ébahissement de ceux qui les ont vus, à cause de la froideur du pays. Les histoires témoignent qu'au temps des anciens Gaulois, la France ne produisait aucun vin, la voici aujourd'hui abondamment pourvue d'une boisson si exquise par la dextérité de ceux qui y ont opportunément employé leur profitable curiosité. Plusieurs bêtes et plantes étrangères consentent de vivre parmi nous moyennant le soin requis (ce que du temps passé on a tenu pour impossible), comme chacun remarque presque partout sans en venir aux exemples. Je ne mets ici en compte les orangers, citronniers, poncilcs et autres arbres précieux qu'on élève en tous airs et pays, pour froids qu'ils soient; puisque telle curiosité est de grande dépense. Le soin de la cueillette de la soie n'est pas semblable, aussi son but est le profit et non le seul plaisir. L'on ne se peine point pour les mûriers qui sont à la campagne, c'est seulement pour le bétail, qui craignant le froid en veut être préservé. Et quelle chose plus facile que cela, quelque froid que soit le pays, puisque les vers sont logés dans la maison, non pas à la campagne : et encore en saison qui n'est du tout froide, mais au printemps et partie de l'été? Tout l'intérêt qu'on peut alléguer ici est: Que la cueillette de la soie en sera plus tardive qu'en un pays méridional. Quoi pour cela? pourvu qu'on ait abondance de bonne et belle soie. Si l'on ne moissonne ès pays septentrionaux, en mai et juin, comme l'on fait en Languedoc et Provence, on moissonne en juillet et août. De même, on ne laisse pas d'avoir beaucoup de bon vin en France, encore qu'on n'y vendange pas si tôt qu'en pays plus chauds. Les mûriers ont devancé la science de nourrir les vers, comme j'ai dit, et en l'attendant plusieurs, sous l'ouïr dire, s'étant efforcés en vain de nourrir des vers à soie, ont décrié ce ménage, croyant que ce bétail ne pouvait profiter que dans les lieux où il s'est naturalisé de longtemps, et d'impatience ont arraché les mûriers comme arbres inutiles qu'auparavant et au premier bruit de leur valeur ils avaient planté avec beaucoup d'affection. Mais ceux qui ont attendu constamment les saisons, se sont rencontrés meilleurs ménagers, et pourvus abondamment de feuilles de mûrier lorsque le savoir-conduire de ce bétail est arrivé. Exemple qui se remarque à Nîmes et en divers autres lieux du Languedoc, servant d'instruction à ceux qui veulent aujourd'hui se délecter à un si profitable ménage : lesquels à leur contentement trouveront en ces discours les sciences assemblées et d'élever les arbres, et de nourrir le bétail : et seront délivrés de l'ennui de l'attente langoureuse et du hasard de mal nourrir les vers.

Le roi ayant très-bien reconnu ces choses par le discours qu'il me commanda de lui faire sur ce sujet, l'an mil cinq cent quatre-vingt-dix-neuf, prit résolution de faire élever des mûriers blancs par tous les jardins de ses maisons. Et pour cet effet, Sa Majesté l'année ensuivant, qu'elle fit le voyage de Savoie, envoya en Provence, Languedoc et Vivarais M. de Bourdeaux, baron de Colonces, surintendant général des jardins de France, seigneur rempli de toutes rares vertus, et par cette même voie le roi me fit l'honneur de m'écrire pour m'employer au recouvrement desdits plans, où j'apportai telle diligence, qu'au commencement de l'an six cent un, il en fut conduit à Paris jusques au nombre de quinze à vingt mille ; lesquels furent plantés en divers lieux dans les jardins des Tuileries, où ils se sont heureusement élevés. Et ne voulant Sa Majesté que ces trésors demeurassent plus resserrés en certains recoins de son royaume, mais que les peuples s'en ressentissent universellement ; ajoutant aux biens de la paix dont par son moyen et la faveur céleste toute la France jouit très-paisiblement, aurait ordonné que les commissaires déjà députés par Sa Majesté pour le commerce général, aviseraient aux expédiés plus faciles qu'il serait possible, pour fournir son royaume de mûriers, afin d'y recueillir de la soie, et ensuite d'en établir la manufacture. Sur quoi et suivant le vouloir de Sa Majesté, après bonne et mûre délibération, furent passés contrats sur ce sujet avec des marchands, à Paris, les quatorze octobre et trois décembre mil six cent deux, confirmés, autorisés et ratifiés par lettres patentes de Sa Majesté, contenant le fournissement desdits mûriers ès quatre généralités de Paris, Orléans, Tours et Lyon : aussi de certaine quantité de semence ou graînes desdits arbres, pour être départie aux élections desdites généralités. Et pour accélérer d'autant plus et avancer ladite entreprise et faire connaître la facilité de cette manufacture, Sa Majesté fit construire exprès une grande maison au bout de son jardin des Tuileries, à Paris, accommodée de toutes choses nécessaires, tant pour la nourriture des vers que pour les premiers ouvrages de la soie. Enjoignant en outre que tout ce qui se trouverait des mûriers, tant blancs que noirs déjà plantés en divers endroits desdites généralités, seraient pris par les experts à ce députés, et employés à la nourriture des vers ladite année, afin de montrer à chaque lieu que la température de l'air et bonté de la terre sont plus que suffisants pour produire la soie, en pareille ou meilleure force, lustre et bonté que celle que nous avons accoutumé de recouvrer avec grands frais des provinces plus éloignées. Toutes lesquelles ont facilement réussi, moyennant la grâce de Dieu et le bonheur de notre prince, à qui le ciel a réservé toutes les plus belles inventions de notre siècle ; qu'il ne faut plus douter que dans peu de temps, par la continuation de ces beaux commencements, la France ne se voie rédimée de la valeur de plus de quatre millions d'or, qu'il en fallait sortir tous les ans pour la fournir des étoffes composées de cette matière, ou de la matière même, afin de la manufacturer dans le royaume. Voilà le commencement de l'introduction de la soie au cœur de la France, où l'exemple de Sa Majesté a été joint à ses commandements, avec grande efficace pour le bien de son peuple.

Et comme par louable émulation les belles sciences ne s'arrêtent en un seul lieu mais passent toujours plus avant ès esprits des personnes vertueuses, il est advenu depuis peu que Frédéric, duc de Witemberg, prince digne de toute louange, a établi en ses terres et la nourriture des vers à soie et la manufacture de telle matière, dont les succès ont été si heureux en ce commencement, que ceux qui auparavant en condamnaient le conseil, fondé sur la froideur du pays d'Allemagne, ont été contraints de confesser que l'entreprise était profitable.

Or, est-il que la soie vient directement du ver qui la vomit toute filée, et le ver procède de la graine, laquelle l'on garde dix mois de l'année, comme chose morte, et reprenant vie en sa saison. Le ver est nourri de la feuille du mûrier, seule viande de cet animal, qui ne vivant que six, sept ou huit semaines, plus ou moins, selon le pays et constitution de l'année (la chaleur accroissant sa vie, et au contraire, le froid l'abrégeant), paye largement dans ce peu de temps, par la soie qu'il nous laisse, la dépense de sa nourriture. Comme les nations qui le gouvernent sont diverses, aussi est-il nommé diversement. Les Grecs et Latins l'ont appelé *Bombyx*, et aujourd'hui en Italie, *Cavalieri* et *Bachi* : en Espagne *Llauor*, en France *Ver à soie*, en Languedoc, Provence et les environs *Magniaux*.

Il sera montré, ci-après, quelle terre et quelle culture désire le mûrier, quelle graine de ver est à choisir, quel logis et quel traitement requiert le bétail qui en provient, quel est son rapport et usage, et par ces discours il paraîtra clairement la richesse de cette nourriture : et que la terre employée à ce ménage, rapporte plus de déniers et en moins de temps, que par autres fruits, qu'on lui puisse commettre, à tout le moins, dont l'on puisse se faire état.

Communément, un millier de feuilles de mûrier, faisant dix quintaux de poids, suffit à nourrir une once de graine de vers; et l'once de graine rend cinq ou six livres de soie, chacune valant deux ou trois écus, et davantage : par quoi dix ou douze écus sortent de dix quintaux de feuilles, et vingt ou vingt-cinq arbres, de moyenne grandeur, produiront toujours cette quantité, même beaucoup moindre nombre y suffira, si ce sont des arbres vieux et grands, comme il s'en trouve en plusieurs lieux, même vers Avignon, de si amples et abondants en ramage, qu'un seul fournit de feuilles pour nourrir une once de graines : mais comme les arbres ainsi qualifiés, sont très-rares, on doit faire peu de considération. Le quart du total est pris pour les frais du négoce, ainsi il reste les trois quarts de liquide revenu, qui font sept écus et demi ou neuf écus, que vingt-cinq mûriers rapportent par communes années. Je confesse que l'once de graine ne rend pas toujours les cinq ou six livres de soie, même quelquefois elle ne fait presque rien : Quand la feuille par l'infélicité de la saison, se trouvant mal qualifiée, par mauvaise nourriture, cause diverses maladies aux vers : Quand la peste se fourre parmi ce bestial, pour n'être bien affermis : Quand les taudis, où sont logés les vers, croulant sur eux, les tuent : ou quand par autres accidents tout se meurt. Mais aussi c'est chose confessée de tous ceux qui s'exercent à cette nourriture, qu'il y a telle année, que de l'once de graine vient jusques à dix livres de soie et davantage; et c'est alors, que la race du bétail, son logis, sa viande, le temps, la main du gouverneur s'accordent pour le bien de ce ménage. Et qui ne sait que les blés, les vins, les fruits des arbres, le bétail défaillent souvent par tempêtes, sécheresse, humidités, et autres excès de l'année? Et qui voudrait désister de labourer ses terres à grain, qui voudrait arracher ses vignes et ses arbres, cesser la nourriture du bétail, pour la faillite de quelque année? Personne n'est si mal avisé. Il paraîtra ci-après, qu'au gouvernement de ce bétail, l'on ne peut rien avancer sans curiosité, diligence, dépense, pour lesquelles choses plusieurs méprisent ce ménage, comme fantasque, pénible et dépensier. Mais ils se deçoivent, pour ne considérer qu'avec modéré salaire on trouve des gens à suffisance entendus à cet art, qui se chargent de tout ce qui en dépend.

Et pour en particulariser la dépense, je dirai, que cent ou six vingts journées dont les trois quarts sont de femmes ou de garçons, suffisent à cueillir toute la feuille nécessaire pour nourrir dix onces de graine de magniaux, et pour la porter sur le lieu du bétail, tant les mûriers sont guères éloignez de la maison, comme cela est requis. Au payement desquelles journées, pour la qualité des personnes, n'entre beaucoup d'argent; car c'est aux vivres où plus s'en consomme. Mais si la nourriture des amasseurs de feuille vous importune, avec de l'argent seul vous ferez faire ce service, à la journée ou à tâche, selon l'ordre de plusieurs villes où ce trafic est en usage.

Touchant le gouverneur, ses gages sont communément de deux, trois ou quatre écus le mois, outre son vivre; et sa charge est de conduire les vers dès le couver de leur graine jusques à la soie faite, c'est-à-dire la rendre tirée. Un seul homme gouvernera tant de magniaux que vous voudrez, pourvu qu'il soit assisté ce qu'il sera, de gens de petit prix, vu que toutes sortes de personnes hommes et femmes s'en rendent capables.

Quant à la graine des vers, vous ne devez mettre en compte ce qu'elle vous aura coûté, parce que vous la remplacez par chaque année en la renouvelant pour la conservation de la semence : mais se couchera telle première dépense au rang de celle qu'on a fait en l'achat des ais et tables pour les taudis, voir pour le dresser du logis; pour être ces choses destinées pour fondement du revenu étant de durée et sans se consumer à tout le moins que bien peu. Et bien qu'il soit requis d'avoir tous les ans quelque peu de nouvelle graine pour se maintenir la bonne race, comme sera dit, si n'y a-t-il pourtant plus de dépense, attendu que de la vente de la graine que vous cueillez chez vous, vous en achetez d'étrangère ce qu'il vous en faut; ainsi se fait de la terre le fossé.

Sur lesquels discours arrêtant, votre compte trouverez qu'avec beaucoup meilleur marché, nourrirez les magniaux provenant de dix onces de graine, que vingt-cinq ou trente brebis; pour lesquelles, voire pour moindre nombre, faut entretenir un pâtre toute l'année, qui sont trois cent soixante-cinq jours. Par ainsi, vous voyez à l'œil combien diffèrent les dépenses d'un bétail à l'autre, et par cette supputation lequel des deux rend plus de revenu, bien que par jugement universel le rapport du bétail à quatre pieds est très-grand au ménage, et ne doute que Caton en ses réponses du paitre pour devenir riche, n'eut entendu du ver à soie s'il en eût la connaissance. La nourriture des vers à soie se rend aussi recommandable à cause de ce qu'elle n'empêche aucun ouvrage des champs, se rencontrant les mois d'avril ou de mai, avant que le peuple ait nulle occupation à la récolte donnant tel retardement moyen au père de famille, de trouver aisément et à suffisance gens pour ce service, lesquels n'ayant en ce temps là autre occupation, sont très-aises de trouver à gagner leur vie et quelque pièce d'argent, pour sortir de l'arrière saison de l'année. Dont plus facile en est rendue la nourriture de ce bétail , par ceux seulement méprisée qui ne savent combien en vaut l'aune : car quant aux autres, la friandise des deniers qu'ils en tirent (sans détrac de leur ménage, mais comme parties casuelles) les affectionnent tous les jours à planter de nouveaux mûriers, pour avec l'augmentation du nombre, de même augmenter leur revenu.

Les mûriers étant le fondement de ce revenu, ce sera là premièrement que vous viserez, pour en planter grande quantité, et sitôt qu'en peu de temps ils vous puissent donner contentement. Ce que vous ne pourriez espérer du peu de nombre pendant leur jeunesse, pour le peu de feuillage qu'ils rendent, avant que d'être parvenus à un accroissement médiocre. Or, d'attendre que les mûriers aient atteint leur parfaite grandeur pour les effeuiller et faire servir en cet endroit, ce serait passer votre âge sans goûter la douceur de ce revenu. C'est pourquoi il est nécessaire d'avoir abondance de ces arbres, afin que de plusieurs petits, vous puissiez tirer autant de feuilles que de peu de grands. Ainsi sans beaucoup attendre après leur plantement, vous en aurez plaisir et profit dans peu d'années. Cette grande quantité de mûriers pourra être limitée à deux ou trois mille pieds; le père de famille ne doit entreprendre ce ménage à moindre nombre; parce qu'il est question de profit, qui ne peut sortir que du nombre suffisant d'arbres. Pour le naturel particulier de l'œuvre, il est nécessaire de s'y employer en grand volume, autrement le jeu n'en vaudrait pas la chandelle; étant cela à faire aux femmes qui pour plaisir nourrissent quelque peu de ce bétail. Encore le père de famille ne s'arrêtera en si beau chemin, mais il augmentera toujours sa mûrière, y ajoutant chaque année quelques centaines de mûriers; afin qu'à la longue, très-abondant en feuille, il en ait et pour nourrir grande quantité de vers, et de reste aussi pour le soulagement de ses arbres, dont une partie reposera, comme sera montré en la suite de ce discours.

Il n'est pas ici question de parler de l'ordre requis à planter et élever les mûriers, la science en étant enseignée ailleurs : mais bien de représenter les observations nécessaires à leur assiette et entretien, afin que les arbres soient convenablement logés et gouvernés, pour durer longtemps en service. Car n'y prenant garde de près, dans peu de temps ils manqueraient, comme en vieillissant en leur première jeunesse. Ces arbres sont si aisés à reprendre que partout où il vous plaira vous les pourrez élever; mais ils s'accroîtront avec plus d'avancement en la terre grasse et humide qu'en la maigre et sèche. Pour la quantité de feuille, est à souhaiter que les arbres soient plantés en bon fonds, mais non pas pour la qualité; parce que la feuille ne sort jamais si fructueuse de terroir gras que de maigre (ayant cela de commun avec les vins) dont les plus exquis sortent de terre légère, attendu que ce terroir là rapporte la feuille grossière et fade, et celui-ci la délicate et savoureuse. Aussi de la nourriture de cette dernière feuille, le bétail communément fait bonne fin ; ce qui arrive très-rarement de l'autre, encore est-ce par rencontre de bonne saison. La feuille des mûriers se rendra qualifiée, ainsi qu'il faut, si on loge ses arbres en lieu maigre et éloigné de sources d'eau, pourvu qu'il soit exposé au soleil ; car le mûrier avec les vignes haïssent le séjour aquatique et ombrageux ; en somme la nourriture sera plus assurée là où meilleurs croîtront les vins. Et bien que la vigne et les mûriers, pour les faire marcher ensemble, produisent plus en terroir fort qu'en faible, si est-ce que le peu de leur rapport étant délicat, est plus à priser que l'abondance de celui qui est grossier, loin que touchant ce bétail ici, l'on ne le peut abuser en lui donnant viande contre son naturel ; car ou il refusera de la manger, ou la mangeant ne s'en portera jamais bien. Et cette délicatesse tourne à profit au père de famille qui emploie ses terres maigres en mûriers ; et par conséquent n'en occupe ses bons labourages, qui lui demeurent francs et non chargés de ces arbres, desquels l'importunité est très-grande, opprimant par les racines et branches presque toute sorte de semences qu'on pourrait loger auprès. Or de croire aussi planter des mûriers en terre déserte et infertile, ce serait, (tombant en l'autre extrémité), se tromper lourdement pour le peu d'avancement qu'ils y feraient encore qu'ils y reprissent : leur tardité vous donnant matière de vous repentir de ce conseil. Ce sera donc aux endroits où édifierez vos mûriers, que vous jugerez propres à la vigne, c'est à savoir en terre de moyenne valeur ; plutôt sèche qu'humide, légère que pesante, sablonneuse qu'argileuse. Cette terre vous apportera feuille souhaitable, et en moyenne quantité, dont vous aurez à suffisance par la voie du nombre des arbres, l'amplifiant comme il a été dit.

De quatre en quatre toises, ou de cinq en cinq à tous sens, à la quinconce, on plantera les mûriers, si on en veut faire des forêts. Et désirant les disposer par rangées aux orées des terres à grain, ou à l'entour des autres possessions, un peu plus étroitement on les logera, sans toutefois se resserrer trop : ce qu'on ne pourrait faire sans notable intérêt des arbres. On peut très-bien amplifier la mesure, même tant qu'on voudra, les mûriers ne pouvant être posés trop au large, vu l'apparente utilité que l'air, le soleil, et l'amplitude du fonds causent à l'agrandissement des arbres et à la bonté de la feuille.

Mais d'autant que les seules orées et bords des terres à grain, vignobles et autres parties d'un domaine d'étendue modérée, ne suffisent de recevoir le grand nombre des mûriers requis à une bonne nourriture : et que d'ailleurs la feuille des arbres qui est au dedans des bocages n'est pas si bonne que celle des environs pour n'avoir ni le soleil ni les vents à souhait, un milieu a été trouvé entre ces deux extrêmes, pour loger convenablement les mûriers au profit de leur feuille et sans trop importuner le labourage des bonnes terres. C'est de planter les mûriers parmi les terres, en doubles rangées, équidistantes de deux toises et demie, et de semblable mesure étant l'espace d'un arbre à l'autre, les deux rangées faisant une allée. Et disposer les allées en long et en travers du champ, s'entrecroisant l'une l'autre, faisant des grands carrés vides, chacun contenant un arpent, ou davantage si l'on veut, pour y semer du blé, lequel s'y recueillera sans être foulé par les amasseurs de la feuille : mais ce seront les allées seules qui en souffriront le trépignement, où pour leur peu d'occupation de terre, la perte du blé n'en sera pas grande. Il conviendra aussi planter les arbres de telle sorte qu'ils ne soient l'un au droit de l'autre, afin de ne s'entrepresser, mais que celui d'une rangée soit posé contre le vide de l'autre ; ainsi ils auront assez d'air pour s'accroître gaiement même à l'aide du soleil, qui leur restera libre du côté des grands carrés. Esquels non seulement pourront être commodément semés des blés, mais plantées des vignes où elles profiteront, n'y étant pas trop importunées de l'ombrage des arbres, même dressées des prairies, mais après avoir donné aux arbres quatre ou cinq années pour s'enraciner. Car par le moyen du parterre des allées, bien cultivé et quelquefois fumé, les mûriers profiteront assez, la motte endurcie de la prairie ne leur pouvant beaucoup nuire, vu qu'elle ne les joint que d'un côté. Ainsi se dressera la meureraye avec beaucoup d'utilité, pour la bonté de la feuille, et sans nullement incommoder le domaine, qui ainsi fourni de mûriers en demeurera très-agréable à voir; aussi s'agencera et s'améliorera-t-il tant mieux que plus souvent le maître visitera son terroir, comme il y sera excité par le facile promenoir de ces belles allées, esquelles, si bon lui semble, sèmera quelques grains, comme avoine et petits pois, qui paieront toujours le labourage du fonds.

Il y a deux races de mûriers discernées par ces mots : *noir* et *blanc*, et discordantes en bois, feuilles et fruits, ayant néanmoins cela de commun de bourgeonner tard, le danger des froidures étant passé, et de leur feuilles, nourrir les vers à soie. On ne voit que d'une sorte de mûriers noirs, dont le bois est fort et solide, la feuille grande et rude au manier, le fruit noir, gros et bon à manger. Mais des blancs, notablement en reconnaît-on de trois espèces distinguées par la seule couleur du fruit, qui est blanc, noir, rouge; cette distinction produite par divers arbres, portant tous néanmoins le nom de blanc. Ce fruit est petit, de saveur désagréable pour sa fade douceur, dont il n'est mangeable que par femmes dégoûtées, enfants et pauvres gens en temps de famine. Au reste, ils se ressemblent tous trois, ne discordant nullement ensemble, ni en feuille qu'ils produisent de moyenne grandeur et de doux attouchement, ni en bois, étant jaune au-dedans comme celui des mûriers noirs, et presque aussi fermes, dont tous ces mûriers se rendent propres à la menuiserie. La feuille provenant des mûriers noirs fait la soie grossière, forte et pesante : au contraire celle des blancs, fine, faible, légère : ainsi différentes pour la diversité du naturel des feuilles dont sont nourris les vers, qu'ils rapportent à leur ouvrage. Pour laquelle cause, plusieurs désirant composer ces choses en espérance de profit, nourrissent leurs vers de deux viandes, par distinction de temps, à savoir :

au commencement, de feuille blanche pour avoir la soie fine ; et à la fin, de noire, pour la fortifier et appesantir. En quoi toujours ne rencontrent-ils : quelquefois le changement de viande, même de délicate en grossière, n'étant agréable aux vers qui en sont importunés. Et ne serait pas à propos pour le fondement grossier qu'on donnerait à la soie, tenant un chemin contraire, commencer par la feuille noire, et finir par la blanche. Aussi, ce mélange de viande n'est reçu dans les grandes nourritures, mais seulement où la feuille de mûrier blanc est rare, a été inventé pour la nécessité. Pour le plus assuré, ce sera tout d'une viande que nous nourrirons nos magniaux, et ce de la plus profitable : ce qui se rapporte à la soie, laquelle tant plus fine est-elle, tant plus prisée, et ensuite tant plus d'argent elle donne, but de ce négoce. Et encore que la feuille blanche fasse la soie faible et légère, ne faut pas pourtant la postposer à la noire, vu même qu'elle ne discorde tant en ces qualités-là d'avec celle qui provient de feuille noire, qu'il ne lui reste de force assez pour les plus exquis ouvrages et de poids à suffisance pour en tirer des sommes raisonnables. C'est à comparaison de cette soie-là que celle-ci est tenue faible, légère ; telle étant la différence entre les choses grossières et subtiles. Il ne faut néanmoins être si scrupuleux que de rejeter du tout les mûriers noirs pour la soie ; non seulement pour le mélange, n'étant permis en la nourriture que par contrainte, comme l'ai dit. Car quant au reste, il y a des contrées où ils sont très-profitables pour ce négoce : comme en divers endroits de la Lombardie, et de par deçà en Anduze, en Alez et autres lieux vers les Cévennes du Languedoc, où grand trafic est fait de la soie qui provient des mûriers noirs. Et bien que cette espèce de soie, pour la grossesse, soit de petit prix au respect de l'autre, elle ne laisse pas pourtant de faire bon revenu, moyennant la quantité. Joint que pour la vente elle est recherchée comme nécessaire, (quoique grossière) en plusieurs ouvrages auxquels elle est employée.

Si votre terroir est déjà couvert de mûriers noirs,

tenez-vous là, sans vous affectionner à les accompagner de blancs, pour les raisons dites : mais étant question de fonder un ménage qui n'a aucuns mûriers, ni d'une sorte ni d'autre, préférant le meilleur au bon, choisissez toujours les blancs pour votre mûrière. En quoi il semble que nature même nous incite par l'avant croître qu'elle a donné au mûrier blanc par dessus le noir : étant chose assurée que les mûriers blancs se reprennent et s'accroissent plus facilement que les noirs; et que plus d'avancement font ceux-là en deux ans, que ceux-ci en six. Outre laquelle commodité, le bois que par cette hâtiveté ils produisent, et qui est coupé à temps, comme taillis, augmente le revenu de ces arbres.

Encore entre les mûriers blancs il y a du choix : car la recherche d'aucuns a été trouvée meilleure que nulle autre, la feuille sortant des mûriers blancs qui produisent les mûres noires : de laquelle curiosité faisant profit, nous fournirons notre mûrière, si possible est, des seuls mûriers de cette espèce, afin qu'en notre nourriture rien ne manque. Toutefois, comme les humeurs des hommes sont diverses, quelques-uns tiennent la feuille de l'arbre qui produit la mûre blanche être la meilleure, prouvant leur avis par les poules et pourceaux qui ne s'attachent jamais au fruit des mûriers qui portent des mûres rouges et noires qu'au défaut des autres, par là la plus délicate. Sur tout sera pourvu à ce point, que de bannir de la mûrière la feuille trop fripaillée : car outre que c'est signe de peu de substance, elle n'abonde pas tant en nourriture que celle qui a peu de déchiqueteurs. A quoi le remède est d'enter en canon ou écusson les arbres ayant besoin de cet affranchissement, dont le profit qui en revient est grand pour cette nourriture, vu que par ce moyen le peu de mauvaise et de chétive feuille se convertit en abondance de bonne et substantielle, avec autant d'avantage qu'on a de changer en vergers, par même artifice, les fruits sauvages en francs, article très-notable pour ce ménage. Cet affranchissement se pratique à souhait sur les mûriers de tous âges, jeunes et vieux, en ceux-ci sur leurs nouveaux rejets de l'année précédente, les arbres ayant été étestés (ou sans tant différer, les avoir étestés au mois de mars, et le suivant mois de juin les enter), et en ceux-là sur les plus petits arbres de la bâtardière. L'enter de ces arbres en leur tendre jeunesse est beaucoup à priser, pour l'avantage que c'est d'avoir la mûrière entièrement affranchie. Car pourvu que quelques centaines d'arbres soient entés, suffit une fois pour toutes, sans être contraint d'y retourner, moyennant que la bâtardière soit tenue toujours remplie. Ce qui se fait en provignant les jetons sortant des entures, desquels autant d'arbres entés sortent qu'il y a de branches couchées dans terre, et d'icelles par après d'autres en ressortant, sont de même provignées à l'infini, dont les arbres en provenant sont fournis pour toujours d'excellente feuille, douce et grande, et par conséquent exempte de toute sauvagine, exquise et abondante nourriture. Voilà quels lieux et quels arbres vous avez à élire pour vos mûrières, afin d'avoir abondance de bonne soie.

A l'ordre qu'on a à tenir au cueillir de la feuille des mûriers pour le vivre des magniaux, consiste le second article de ce ménage pour rendre les arbres de perpétuel service. Il est à noter que l'effeuiller porte grand dommage à tous les arbres, souventes fois jusqu'à les faire mourir ; mais d'autant que le mûrier est destiné à cela, fait que naturellement il supporte mieux cette tempête que nulle autre plante. Si faut-il néanmoins y aller fort retenu ; car d'effeuiller inconsidérément les mûriers, c'est les rabougrir, pour finalement devenus chétifs, se mourir de langueur. Chacun confesse qu'amasser la feuille à la main l'une après l'autre sans toucher au bourgeon, est la plus sûre voie pour la conservation des arbres ; mais aussi la plus de dépense à cause du grand nombre de personnes nécessaires à cette œuvre. Pour l'épargne, le commun y procède d'autre sorte, qui est en arrachant la feuille à poignées ; ce qui ne peut se faire que souvent les branches n'en soient écorchées et quelquefois éclatées, dont à la longue les arbres périssent. Et même cet amasser corrompt et ensalit la feuille au détriment des magniaux, quand en la prenant à la mode qu'on trait le lait des vaches, on en voulait faire sortir le jus; et le plus souvent avec les mains mal nettes, on la rend de mauvaise odeur et saveur. Ces pertes se préviendront si, à la mode de certains endroits d'Espagne, la feuille est cueillie en la tondant avec de grands ciseaux de tailleur, de laquelle coupant plusieurs queues à la fois, et icelles tombant sur des linceuls étendus sous les arbres, la dépense s'en rend modérée, même pour être de là directement portée au bétail, sans avoir besoin d'être triée, comme faut nécessairement faire avant que l'employer, en séparant ce qui est gâté du bon, et les bourgeons avec, qui pour leur tendresse sont nuisibles aux vers, attendu qu'en faisant jouer les ciseaux l'on épargne les cimes des arbres, et on ne prend que la feuille bien qualifiée. De cette invention on ne se peut indifféremment servir ; mais seulement là où l'assiette des arbres favorise l'œuvre pour commodément y pouvoir étendre des linceuls pour recevoir la feuille, ni aussi en temps venteux et pluvieux. Ce qui est laissé à la discrétion du père de famille pour l'employer, y trouvant de la commodité. Au défaut duquel tondre, l'on tirera la feuille le plus doucement qu'on pourra, et avec le moins de perte des arbres qu'il sera possible. Les amasseurs de feuilles laveront leurs mains avant que la toucher, et la reposeront en sacs bien nets, afin qu'elle ne touche à aucune saleté.

Les arbres souffrent moins quand on les tond que quand on les effeuille autrement ; toutefois pour retenu qu'on y aille, c'est toujours avec leur intérêt, dont finalement ils périssent, ravalant d'année à autre la valeur de leur feuille à mesure qu'ils perdent leur force. Ce qui est la cause principale que les nourritures des vers ne sont toujours de même rapport les unes que les autres, ne pouvant autre que bonne feuille nourrir heureusement ce bétail. Or celle qui vient d'arbre mal gouverné en l'effeuillant ne peut être bonne, mais seulement celle dont l'arbre ayant été bien ménagé durant les précédentes années, demeure vigoureux. Ainsi se trompent ceux qui sans regarder de près à ceci s'enfoncent en ce négoce. De là procèdent les plus fréquents défauts de cette nourriture, et non du naturel de l'œuvre ; comme scrupuleusement, même superstitieusement et fantastiquement plusieurs du vulgaire ignorant tiennent ne pouvoir, deux années de suite, bien rencontrer, pour quelque obscure imperfection qu'ils estiment être en ce bétail que quelques-uns donnent sans aucune raison au logis, ne se prenant garde des choses susdites. Afin donc d'assurer ce ménage, pour un préalable l'on avisera aux mûriers, en les logeant et conduisant comme j'ai dit. Et passant plus outre d'avoir si grande quantité de ces arbres, que, s'il est possible, la seule moitié suffise pour votre nourriture, qu'on effeuillera pendant que l'autre s'apprêtera pour l'année suivante. Ainsi, à l'imitation des labourages, alternativement par années la mûrière, divisée en deux, servira et chômera, dont les arbres se maintiendront en bon point pour abondamment fournir de bonne feuille par plusieurs générations, tant pour n'être les arbres tourmentés en leurs branches, que par ce loisir leurs racines pouvaient être cultivées sans dépense. D'autant que les frais du labourage sortiront des grains qu'on sèmera au fond de la partie chômante (restant de l'importunité des mûriers) laquelle seule l'on chargera de blé, laissant l'autre vide de semence l'année de l'effeuillement des mûriers, pour tant plus à l'aise cueillir la feuille des arbres sans fouler le blé, comme dans cet ordre l'on ferait en la trépignant, par ce moyen tirant le digne rapport et des arbres et du fonds. En outre, cette notable commodité s'y ajoute, que lorsque par heureuse nourriture si la feuille destinée pour vos magniaux manque (comme cela arrive quelquefois avec déplaisir et regret de les voir mourir de faim), les vers sont opportunément secourus de la feuille qu'on prend sur les mûriers de relais, par ci par là en plusieurs arbres et en divers endroits sans les incommoder, en cette quantité qu'il est requis pour la perfection de l'entreprise. Et encore que sous les mûriers toutes sortes de semences aient à souffrir par les importunes racines et branches de ces arbres, ainsi qu'il a été dit, si est-ce que la perte en sera moindre que moins l'on trépignera les blés y étant ; ceux qui seront logés en la manière susdite demeureront comme francs de cette tempête, le rapport desquels pour petit qu'il soit paiera le labourage, ainsi vous ferez en cet endroit ce que vous désirez, c'est à savoir tiendrez en guérêt les pieds de vos arbres. De tous les grains, ceux qui le plus constamment souffrent l'importunité des mûriers, sont les avoines et les petits pois ; même étant contraint de les trépigner pour la cueillette de la feuille, on ne leur peut faire grand mal, à cause que l'herbe de ces blés se trouve tardive lors de l'effeuillement des arbres n'ayant encore fait grand avancement, même elle se relève aucunement l'ayant abattu par terre. Chose qui ne peut être ni des froments, ni des seigles, ni des orges, qu'à cette cause ne faut pas loger en la mûrière que par contrainte. Or de ne rien semer à la mûrière, et en labourer le fond pour le bien des mûriers, ce serait trop faire de dépense, laquelle s'épargne par la voie susdite. Le fumer de ces arbres est aussi requis, s'entend de ceux que la maigreur du fonds tient en langueur, lesquels par ce traitement seront aidés à continuer leur service, faute de quoi faire ils manqueront devant le temps. L'expérience montre la feuille des vieux mûriers être plus profitable et saine aux vers que celle des jeunes, pourvu qu'ils ne soient tombés en extrême décadence, mais que retenant de leur ancienne vigueur aient encore quelques restes de force, ayant cette qualité de commun avec la vigne, qui meilleur vin rend vieille que jeune. Et comme la vigne commence à porter bon vin après les sept ou huit premières années, aussi les mûriers en même âge ouvrent la porte à leur assuré revenu ; si bien que de là en après l'on ne peut manquer d'en tirer le service espéré. Plusieurs néanmoins ne s'arrêtent pas aujourd'hui à ce terme, employant sans délai toute sorte de feuilles, même des plus jeunes mûriers, étant encore en la bâtardière avant leur replantement ; mais c'est avec plus d'incertitude de bonne issue, que de celles qui croit aux arbres déjà avancés, selon le plus commun usage.

Après que vous aurez dépouillé les arbres de leurs feuilles, vous les ferez aussitôt émonder, en leur coupant tout ce qui sera trouvé cassé et tordu par l'effeuillement, afin qu'ils puissent se remettre à rejeter; ce que sans cela ils ne pourraient jamais bien faire, même qu'en langueur. Les derniers âmasseurs de feuilles seront donc suivis pas à pas d'un couple d'hommes, qui accommoderont ainsi les mûriers, desquels ils couperont le bois mort, les branches écorchées et éclatées; aussi les cîmes de toutes les autres, en quelque part de l'arbre qu'elles soient, en haut et aux côtés, pour contraindre les arbres à se revêtir, et sur ce nouveau jet, produire l'année suivante abondance de feuille tendre et délicate. Et soit en amassant la feuille, soit en émondant les arbres, il faut tâcher de les dépouiller entièrement sans leur laisser aucune feuille, de peur de détourner leur libre rejet : observation que la pratique nous a apprise depuis peu contre la coutume qui était de ne pas toucher au bourgeon, croyant par là donner accroissement aux arbres; mais l'effet se voit tout au rebours. Moyennant cet ordre, ils ne tarderont à repousser très-vigoureusement; si bien qu'ils se refeuilleront de telle sorte, que dans un mois après l'on dirait n'y avoir été touché; et ce sera également qu'ils se revêtiront sans aucune difformité de feuille toute nouvelle, icelle ne s'accordant jamais avec la vieille; mais avec beaucoup plus d'efficacité si le fonds est arrosé en ce temps-là, afin que tempérant la chaleur de la saison avec l'eau, on délasse les arbres et on leur donne nouvelle force. D'où vient que de leur rejet de feuille comparé au regain des prés, l'on peut faire une seconde nourriture de magniaux avec succès, ainsi que quelques-uns l'ont heureusement pratiqué. Ce que toutefois n'est pas approuvé, non tant pour être fort incertaine, cette nourriture tombant aux plus grandes chaleurs de l'été contraires à ce bétail, que pour l'assurée perte des arbres, ne pouvant souffrir double effeuillement en même saison. Pour l'intérêt de nos vers qui ne se trouvent bien de la feuille qui croît en lieu aquatique, comme j'ai dit, distinction sera faite des temps de l'arrosement des mûriers, afin de ne les faire boire qu'après les avoir effeuillés et non pas avant : ainsi sans aucun doute, la feuille se rendra bien qualifiée. Sous cette considération, employez la commodité de l'eau pendant l'été, causant par là autant de soulagement à vos arbres, après leur grand travail, comme en la sécheresse toutes sortes de plantes trouvent salutaire l'arrosement opportun : observation particulière pour les pays méridionaux, non pour les autres qui ne s'arrosent presque jamais.

Les pluies survenantes sur les cours de cette nourriture importunent étrangement les magniaux, même si elle se rencontre vers la fin de leur vie, lorsqu'ils sont en la plus plus grande force de manger ; parce que la feuille mouillée leur cause de dangereuses maladies. Le plus commun remède à cela est de faire provision de feuille pour deux ou trois jours, voyant le temps s'adonner à la pluie, car autant se garde-t-elle bonne, pourvu qu'on la tienne en lieu net, frais, aéré, et que pour la garder d'échauffer, plusieurs fois le jour on la tourne sans dessus dessous. Et encore que la pluie ne presse, quelque beau temps qu'il fasse, on ne doit jamais demeurer sans feuille : non pas de peur d'en avoir besoin, que pour la qualité de sa nourriture : d'autant qu'elle est meilleure un peu gardée, comme douze ou quinze heures, que donnée au bétail venant directement de l'arbre. Si la pluie pressant vous détourne d'amasser tant de feuille qu'il vous en faut, recourez à ce chemin court, qui est de couper les branches des mûriers que vous destinez à être étestés la prochaine année : lesquelles avec tout leur ramage vous ferez porter en la maison, où pendues comme les raisins sous les portiques, planchers ou autres couvertures, en lieu aéré, même dans les granges et greniers à foin, alors étant presque vides, leur feuille s'en séchera bientôt ; même en l'un et en l'autre vous trouverez beaucoup plus d'avancement que par quelle voie que ce soit. Car ni l'esventer avec des linceuls, ni la chauffer au feu, ne sont pas de tant d'efficacité que ce moyen ici : par lequel en outre, on gagne beaucoup de temps, parce qu'il ne faut que quelques coups de hache pour prendre toute la feuille d'un arbre. Ne doutez pas que cela endommage les mûriers, au contraire les réjouit, se remettant aussitôt à rejeter de plus fort, dont ils gagnent beaucoup pour l'année d'après, cette hâtive coupe leur causant grand avancement de branchage. Et quoi qu'il semble que la saison chaude contrarie à cette œuvre, si est-ce que l'expérience prouve journellement que le naturel des mûriers, même de plusieurs autres arbres, souffre d'être taillés en été. Pour laquelle commodité, jointe l'épargne de ce ménage, résolvez-vous de ne faire cueillir d'autre façon la feuille des mûriers que vous délibérez étester les premiers, les gardant pour les jours pluvieux, comme il a été dit, ou, le temps demeurant beau, pour la fin de la nourriture. La même raison a lieu pour les arbres que vous ne voulez qu'émonder, leur coupant les branches superflues, lorsque vous verrez avoir besoin de feuille, le temps étant pluvieux ou non, ainsi qu'on fait à l'étester. Chose que vous trouverez venir à propos, pour le plus grand dégat de la feuille que les magniaux font en ce temps-là étant alors leur plus grand manger, attendu qu'avec modéré labeur et beaucoup de facilité par ce moyen abondance de viande leur est fournie. Le gagne-temps s'ajoute à ce ménage, parce que les matinées s'emploient à cet effeuillement (autrement perdues à cause des rosées, pendant lesquelles il est défendu de toucher à la feuille) d'autant que les branches de mûrier, coupées avec leur ramage, étant dès le soir portées au logis, sont effeuillées dès le grand matin suivant que l'on se met en œuvre ; et cela se fait en attendant que, par le soleil ou les vents, les rosées soient abattues de dessus les arbres.

Tout le mal qu'on peut faire aux mûriers en les effeuillant se guérit par le couper de leurs branches (remède servant presque à toutes les maladies des arbres, comme il est dit des fruitiers) s'entend, les leur ôtant toutes universellement, les étestant ou leur coupant la tête, ainsi qu'aux saules, dont en peu de temps ils se renouvellent, afin que leurs branches agrandies, et fortifiées, servent comme auparavant. C'est pourquoi, au bout de quelque temps on éteste les mûriers, qui est, lorsqu'on les voit consumer par trop de travail. Ce terme n'est pas restreint à certaines années, la seule faculté de la terre ordonnant de ces choses, faisant repousser et reproduire plus de bois en un endroit qu'en l'autre. Toutefois on peut dire que presque partout, de dix en dix, ou de douze en douze ans, il serait raisonnable de pratiquer cela pour le bien de ce ménage ; et par ce moyen châtrer la mûrière chaque année de la dixième ou douzième partie de ses arbres. En crêtant les mûriers, l'on y laissera de longs chicots sursaillants de quelques pieds à la fourchure de l'arbre, ou autrement, ainsi qu'il s'accordera mieux selon sa capacité ; se servant en cet endroit d'instruments bien tranchants, afin de ne rien écorcher ni éclater en l'arbre ; et pour faire la tranche bien unie, laquelle sera pendante d'un côté pour rejeter les eaux de la pluie. Le temps de ce ménage est celui même des autres arbres taillis : savoir, après l'hiver, commençant d'entrer en sève, non avant (pour les raisons dites ailleurs) en beau jour, non venteux, brumeux, ni pluvieux ; car les mûriers rejetant de même qu'eux, voire autant vigoureusement qu'aucune autre plante, ont de commun la saison de la coupe.

Mais parce qu'aux mûriers la feuille est considérable comme le plus clair de leur revenu, il est bon de n'en perdre si c'est possible, à quoi l'on parvient en différant de les tailler jusqu'en mai, ou au commencement de juin, lorsqu'il convient employer la feuille. Par ce moyen l'on se sert de la feuille l'année même de la coupe des arbres ; ce qu'on ne pourrait faire sans ce retard. Et bien que pour la tranche de telle saison les arbres ne produisent de cette année-là de si grands rameaux, que si on les crètait au mois de février ou de mars, le temps de s'accroître, leur étant un peu court n'importe, c'est autant de gagné pour l'année d'après : en laquelle ces rameaux quoique petits, ayant gagné l'avantage, s'agrandissent avec merveille, dont les arbres en peu de temps sont amplement revêtus : encore que contre les préceptes de l'art, pressé de la nécessité, l'on coupe les arbres, et en jour pluvieux et sans regarder à la lune comme il se rencontre tant, ils sont de bonne volonté.

Touchant le point de la lune, on l'emploie selon la diversité du fonds qui gouverne telle action. Les mûriers taillés en croissant produisent leurs ver-jetons, longs, sans branchettes traversantes : en decours, courts, avec plusieurs petites branches croisant les principales. Pour compenser ces choses (ayant à élire le temps, sans contrainte) nous crèterons en lune nouvelle ceux de nos mûriers qui sont en maigre terroir : et en vieille les autres plantés en gras. Aussi ceux-là se fourniront de ver-jetons aussi longs que la faiblesse du terroir le permettra : et ceux-ci pour la force du fonds se regarniront convenablement : ce qu'ils ne feraient à propos étant taillés en croissant, à cause que leurs ver-jetons, n'étant retenus par les branchillons, s'allongeront par trop, et versant en dehors, difformeraient l'arbre, icelui demeurant vide par le milieu à la manière des palmiers. Cela n'étant à craindre aux autres, à cause de la maigreur du fonds qui jamais ne les fait repousser trop abondamment. Par ce moyen ils se remettront très-bien en bois plutôt toutefois les uns que les autres, selon la faculté du terroir : mais pas si lentement qu'à la seconde année ils ne se rendent capables de recommencer leur service accoutumé, pourvu que le fonds soit cultivé comme il appartient. Car on travaillerait en vain à bien entretenir les mûriers par les branches, si on ne tenait compte de leurs racines, qui feraient défaut à la longue, ceux là tombent en cette erreur qui pour épargner le labourage, plantent leurs mûriers dans des prés, ou empréent leurs mûriers. En quoi ils se déçoivent, pour ne considérer que les mûriers laissés en friche ne peuvent rapporter tant ni de si bonne feuille, que ceux qui sont cultivés. Et encore qu'on voit plusieurs beaux mûriers dans les prairies, la réponse est, que la terre en est grasse, et en suite, sinon contraire, à tout le moins, non du tout bonne pour les vers : ou étant maigre, les arbres n'y dureront pas longtemps à faute de culture. Le moyen assuré qu'il y a de se dresser une mûrière de bois touffu et l'entretenir sans dépense jusqu'à raisonnable grandeur pour bien servir, est représenté au discours des arbres fruitiers. C'est en plantant les mûriers par rangée à la quinconce, de quatre en quatre ou de cinq en cinq toises, de même main, planter parmi eux la vigne basse ou échalassée selon l'usage du pays : laquelle, moyennant digne labeur, rapportera son fruit sans altération, quinze ou vingt années, devant qu'être opprimée sous l'ombrage des arbres : alors on l'arrachera pour laisser la place libre aux arbres, qui seuls l'occuperont, et ainsi l'on trouvera qu'on les a élevés pour rien. Ce qui sera pour finir le discours de la victuaille de notre bétail, et pour lui faire son logis.

Il convient aussi dresser logis à nos magniaux avec telle commodité, qu'ils puissent aisément faire leur travail pour nous rendre abondance de bonne soie. Ce qu'on espèrerait vainement, les logeant en lieu malpropre et contraire à leur naturel : car ainsi qu'ils ne peuvent être trompés à leur nourriture, sans notable perte, ils ne peuvent non plus souffrir une mauvaise habitation. Et comme il ne faut entreprendre de planter la vigne si on ne se pourvoit quand et quand de caves et de tonneaux pour le vin : ainsi ce serait pour rien qu'on édifierait la mûrerie, sans ensuite donner quartier aux magniaux; ils désirent telle habitation que les hommes, à savoir spacieuse, plaisante, saine, loin de mauvaises senteurs et humidités, chaude en temps froid, fraîche en chaud. Il ne faut loger les vers à soie, ni à rez-de-chaussée, ni sous l'entablement des couvertures près des tuiles, à cause des intempéries de ces deux contraires assiettes, dont l'une peut être humide et l'autre trop éventée, trop chaude et trop froide, selon les saisons. Toutefois, celle-là est supportable en tant qu'on peut dresser les loges des vers à un seul étage près de terre, pourvu que le plan en soit élevé de trois ou quatre pieds pour vider les humidités, et qu'il y ait dessus des planchers bien joints, afin que le bétail soit éloigné des tuiles, l'approche desquelles lui est toujours nuisible, d'autant que les vents et froidures pénètrent à travers, et la chaleur du soleil y est insupportable quand il frappe dessus en sa force. Si pour la capacité de votre maison vous y pouvez commodément faire votre nourriture, ce vous sera grande aisance et vous épargnera les frais de bâtir expressément des logis à neuf, faisant votre compte, que les magniaux provenant de dix onces de graines, se nourrissent à l'aise dans une salle longue de sept toises, large de trois, haute de deux. Sur lequel avis vous vous fonderez pour disposer votre maison à tel usage; ou qu'ayant à bâtir de nouveau, amplifierez de quelques membres votre édifice; lequel par ce moyen se représentera très-bien, et s'en rendra-t-il d'autant plus logeable, pour les magniaux, que plus vous l'aurez augmenté, quand après l'avoir occupé quelque peu de temps, le reste de l'année, vous demeurera libre à recevoir les personnes.

Or, soit dehors ou dedans la maison du seigneur qu'on désire nourrir ce bétail, il est requis que leurs chambres ou salles soient percées des deux côtés opposés l'un à l'autre, d'Orient à l'Occident, ou Septentrion au Midi; afin que l'air et les vents ayant libre passage à travers d'icelles, ils puissent rafraîchir les vers, lorsqu'étant prêts d'achever leur ouvrage, ils sont sur le point d'étouffer, pour la soie dont ils sont remplis, et la grande chaleur de la saison : à la charge toutes fois que les fenêtres soient si bien vitrées ou chassissées, qu'on les puisse clore en autre temps, si proprement et si bien, que le froid n'y puisse pénétrer, étant autant nuisible aux magniaux en leur commencement, que les chaleurs en leur issue. Ces bestioles désirent aussi d'être en lieu clair, ne souffrant volontiers l'obscurité, de laquelle ils s'ôtent, recherchant la clarté. L'intérieur de ce logis sera crépi et si vivement blanchi que les rats n'en puissent gravir les murailles, n'y laissant aucune crevasses, fentes, ni trous pour retraites aux souris, rats, lésars, grillons, ni autre vermine ennemie de nos vers à soie. Les salles ou chambres seront meublées de tables nécessaires à reposer ces bestioles, qu'on fera de toutes sortes de bois, dont le meilleur est le plus léger, pour son facile maniement. Quelques-uns préfèrent aux ais, de quelque bois qu'ils soient, les tables faites de rozeaux ou cannes, refendues ou entières; non seulement pour l'aisance de leur légèreté, mais aussi pour la santé du bétail, qui se nourrit dessus les canisses ou claies qui en sont faites, attendu certain air pénétrant à travers qui le tient gaîment et sans importune chaleur. Sur quoi il convient prudemment distinguer les temps, tel air n'étant pas toujours bon au bétail, mais seulement recherchable à la fin de sa vie pour rafraîchissement. A cela peuvent aussi servir les roseaux sauvages et gros joncs d'étang et palus, même la paille de seigle, qu'on recouvre à petit frais : de même, la toile dont l'on fait des chassis tendus avec des petits clous sur bois léger, est commodément employée en cet endroit. Plusieurs piliers de bois de charpenterie droitement équarrés seront perpendiculairement dressés du pavé au plancher, pour supporter les tables repositoires de nos vers ; lesquelles seront mises sur des petits chevrons traversant les piliers, équidistamment posés sur ces piliers de seize à dix-sept pouces l'un de l'autre. Les tables étant rangées ainsi de telle mesure, les magniaux y seront commodément servis : mais ne seront les tables d'égale largeur, mais s'excèderont l'une l'autre de quatre doigts ; la plus basse près du pavé étant la plus large, et la plus haute approchant le plancher la plus étroite : dont l'étaudis qui sera composé de toutes ensemble se rendra de figure pyramide, à l'utilité des vers, lesquels par cette disposition seront préservés de ruine, quand vaguant par les bords des tables, d'un bout de l'étaudis à l'autre, cherchant lieu agréable pour vomir leur soie, ils tombent du haut en bas sur le pavé où ils se froissent : ce qu'il ne faut pas craindre, les tables étant accommodées en telle sorte, que chacune reçoive les magniaux tombant de sa supérieure prochaine, lesquels ne s'offensent point pour le peu de distance de l'une à l'autre. La largeur de la plus basse table sera limitée jusques à ce point, que d'un côté un homme avec la main puisse facilement atteindre jusqu'au milieu pour panser le bétail. Quant aux autres, leur diminution facilitera ce service-là, à mesure qu'on montera en haut et s'approchera du plancher. Plusieurs de ces étaudis seront dressés en chaque membre, salle ou chambre, selon sa capacité ; et de telle sorte qu'aucun n'y touche les murailles, de peur des rats, et pour pouvoir aussi donner de tous côtés commodément à manger au bétail ; entre lesquels étaudis on laissera des chemins assez larges pour y passer et repasser aisément. On se prendra aussi soigneusement garde de bien affermir les étaudis, afin que le bétail en s'agrandissant n'en fasse crouler quelque partie (comme autrefois cela m'est advenu avec perte) et qu'ils ne s'ébranlent par sa pesanteur, pour l'appuy des échelles qu'on y met contre, allant visiter le bétail, mais demeurent assurés jusqu'à la fin; diverses sortes d'échelles font pour ce service-là n'y épargnant ni bois ni fer, pour telle cause selon la fantaisie. Quelques-uns accommodent des étaudis à l'entour des ais, sur lesquels l'on va comme par galeries, pour panser le bétail, faisant la ronde à l'entour; l'on y monte de la terre par petits degrés à ce appropriés. Les autres font des bancs hauts et longs de bois léger, pour être tant plus faciles à remuer, selon le besoin. Les autres ne se servent en cet endroit que de l'échelle commune. Or quelles que soient les échelles ou montées, toutes sont bonnes, pourvu qu'elles servent à ce négoce; jusques-là, que sans trop de peine on puisse par celles-ci aller commodément paître et visiter le bétail.

La fin des provisions est la soie, laquelle vous aurez tant meilleure et plus abondante que mieux la graine en sera choisie. Considération commune avec toute sorte d'ensemencement, pour la différence qu'il y a de semence à semence : car que devez-vous attendre de graine bâtarde que soie bâtarde, quelle bonne feuille que vous ayez, chacun produisant son semblable ! Nous rechercherons donc avec grande curiosité la graine la plus profitable, rejetant celle dont la valeur nous est suspecte. La plus sûre connaissance de cette graine consiste à la preuve, bien qu'il y ait plusieurs adresses pour discerner la bonne d'avec la mauvaise. Entre toutes les semences de magniaux dont nous avons connaissance, jusqu'ici nous avons tenu celle d'Espagne pour la meilleure, fructifiant très-bien par toutes les provinces de ce royaume où l'on fait de cette nourriture. Celle de Calabre, depuis quelques années, y a acquis de la réputation, tant pour la bonté de la soie qu'elle produit, que pour l'abondance. Cela provient du peloton qui est grand, au respect de celui d'Espagne. Et encore que les deux soient durs, signe certain d'abondance de matière, et qu'à telle raison l'un soit à préférer à l'autre; la qualité l'emportant, la graine d'Espagne sera tenue au premier rang, en attendant que par réitérées épreuves nous la puissions raisonnablement postposer à quelqu'autre. Quant à la graine qui dès longtemps s'est naturalisée ès-provinces du Languedoc et celles de son voisinage, il n'en faut pas faire grand état, ni pour la finesse, ni pour la quantité de soie qu'elle rend; car, quelque exquise que soit la graine des vers à soie, transportée de loin en tels quartiers, elle ne s'y maintient longuement en bonté, mais s'abâtardit au bout de quelques années. La graine qui est là directement portée d'Espagne, n'y fait pas si bien la première année que les trois ou quatre suivantes, lesquelles passées elle commence à déchoir de sa bonté. On reconnaît aussi du changement en la graine, même par le temps, et en son corps et en sa couleur; car venant directement d'Espagne, elle est petite, colorée du tané obscur; et gardée s'engrossit, et s'éclaircit jusque-là, qu'au bout de quelques années elle devient grise comme drap gris de Perpignan. La graine de magniaux des Cévènes de Languedoc, est ainsi qualifiée, lesquels, tant pour leur propre naturel. que pour être nourris de feuille de mûrier noir, produisent des cocons ou pelotons grands et moux, par conséquent peu fournis de soie, de couleur orange ou jaune doré, notifiant la grossesse de la soie à la différence de la fine qui provient de la graine d'Espagne, dont les vers ont été nourris de feuille de mûrier blanc ; et en font la plupart des pelotons blancs, incarnatins, de couleur de chair. Voilà le jugement qu'on peut faire sur la connaissance de la bonne graine d'Espagne; la meilleure de laquelle sera la plus petite, et la plus obscure en couleur; pourvu qu'elle soit vive, non morfondue : ce qu'on prouve à l'ongle, en toutes graines de vers à soie : tenant pour bonne celle qui se casse en pétillant et jetant humeur. La petitesse de la graine d'Espagne fait le nombre de bétail : ce qu'accouplé avec la dureté des pelotons ne peut manquer de rendre abondance de soie, laquelle pour sa finesse est de grande requête. Indifféremment toute graine qui vient directement d'Espagne n'est pas telle que vous désirez, y ayant des contrées en ce royaume meilleures à cela les unes que les autres, et travaillant mieux à la façonner les fidèles que les trompeuses personnes. Desquelles particularités vous vous prendrez garde, afin d'achever d'autant plus profitablement votre nourriture, qu'avec plus d'art vous l'aurez commencée. A quoi cet article est notable, qu'à l'imitation des bons laboureurs, il faut changer de graine de quatre en quatre ans, ou d'autre terme en autre selon la raison des expériences. Et pour faire cela avec moins de hasard, il sera bon d'avoir chaque année quelques onces de nouvelle semence d'Espagne, laquelle mise à part conserverez soigneusement, et autant de temps que sa valeur le méritera. Par laquelle résolution votre nourriture marchera bon train, et sans confusion elle se maintiendra toujours en bon état. Ne vous fournissez de vieille graine, pour son infertilité, celle qui passe un an n'étant d'aucune valeur. Et bien que la garde de la graine de ce bétail soit difficile, à cause que d'elle-même naturellement s'éclot en sa saison, si est-ce que l'avarice a tant gagné, que par une invention trompeuse certains imposteurs, forçant nature, conservent longtemps la graine sans éclore; quand ne l'ayant pu vendre à temps, la tiennent dans des bouteilles de verre, en lieu frais, même dans des puits profonds, suspendues avec des cordes près de l'eau, durant les grandes chaleurs; la gardant ainsi plus d'une année à la perte de ceux qui l'achètent.

Quelques-uns, avant de mettre couver la graine des magniaux, la trempent dans du plus exquis vin qu'ils puissent recouvrer, malvoisie ou autre, trouvant par cette épreuve que la bonne comme la plus pesante va au fond, et la mauvaise, pour sa légèreté, nage au-dessus à cause de quoi elle est rejetée. Après, la bonne retirée du vin, est mise sécher au soleil, ou devant le feu, posée sur du papier bien net, couverte avec du linge blanc ou du papier subtil, afin que trop de chaleur ne lui nuise : puis est mise couver. Et non seulement sert ce tremper, à distinguer la bonne d'avec la mauvaise graine : mais à légitimer et fortifier la bonne, afin que les vers en sortent francs et robustes et pour les faire éclore presque tous à la fois, selon la pratique des œufs de poule, lesquels, pour même cause, sont plongés dans l'eau peu avant qu'on les mette couver. Commodité qu'on ne peut espérer de la graine légère, pour n'éclore que tard (ou rien du tout) c'est pourquoi les vers demeurent aussi tardifs à toutes leurs œuvres, à l'éclore, au manger, au filer ; même sujets à maladies ne pouvant souffrir aucun accident, presque toujours languissants ; non seulement meurent-ils à peu d'occasion, mais infectent les mieux qualifiés de leur voisinage. Auquel danger s'expose celui qui, sans distinction, mêle la bonne avec la mauvaise semence.

Couver cette graine sous les aisselles, ou entre les mamelles des femmes, n'est pas une chose profitable, non tant pour crainte de leurs fleurs (comme aucuns pensent), que pour l'agitation : ne se pouvant faire que portant la graine sur sa personne, l'on ne la tracasse et mélange, arrivant à tous moments que les vers voulant sortir de leurs œufs, en sont détournés par un pas ou saut de celle qui porte sur soi la graine, la renversant tout sens dessus dessous à la perte du bétail, qui s'étouffe en la presse, quoique de ses semblables. Prenant ces articles de plus loin, il faut garder soigneusement la graine durant toute l'année, pour la préparer de bonne heure à facilement éclore en la saison. L'ayant recouvrée ou de chez vous, ou d'ailleurs, vous la logerez dans des boîtes de bois bien jointes, garnies par dedans avec du papier collé sur les commissures, afin qu'aucune graine ne sorte, ni entre dans la boîte ni poussière, ni vermine, ni autre importunité, mais que la graine y puisse demeurer nettement. Vous mettrez ces boîtes dans des coffres ou ailleurs, parmi des hardes autres que linge, à cause de la fraicheur de cette matière à ce nuisible, pour y demeurer jusques au temps de l'employer. Et à ce qu'elle ne sente aucune importune humidité ni froidure pendant ce séjour, il faut faire du feu durant l'hiver en la chambre où l'on tiendra les coffres ; car étant plus chaude que froide, la graine s'y prépare de longue main comme vous désirez : ce qu'elle ne ferait, si selon l'ordre de quelques-uns, on la tenait dans des fioles de verre, la froidure de cette matière la retardant d'éclore. Ces nécessaires observations ont appris de n'exposer jamais la graine de ces vers (non plus que les vers mêmes) à la merci des froidures ; mais de la conserver si reculée qu'on pourra de l'humidité et des gelées. Pour ce faire, si on l'envoie quérir en Espagne ou ailleurs, que ce soit dans l'été : évitant par ce moyen les incommodités de l'automne et de l'hiver, elle arrivera chez vous bien qualifiée, et tout assurément, si c'est par terre qu'on l'apporte ; par mer la chose n'étant pas sans hasard, à cause de l'humidité de la marine et autres mauvaises qualités qu'elle a, contraires à cette graine, ainsi que l'intérêt de plusieurs avec raison fait craindre ce danger. La longue garde de la graine chez vous aide à la naturaliser en votre air, dont elle en éclot et mieux, et plus tôt, que n'y ayant point séjourné, c'est pourquoi il faut se fournir de graine incontinent après la cueillette de la soie, si faire se peut, sans nullement différer. Se faut abstenir de visiter trop souvent la graine des vers, surtout approchant le printemps, de peur que par cette curiosité l'on ne la détraque à sa perte. Le temps de mettre couver cette graine, ne se peut certainement arrêter, d'autant que la saison hâtive ou tardive gouverne entièrement l'ouvrage, faisant avancer ou retarder les mûriers, seule viande de ces animaux. C'en sera donc le vrai point, lorsque les mûriers commencent à bourgeonner, non devant, afin que le bétail à sa naissance trouve pour vivre de la viande toute prête et de son même âge (comme l'enfant le lait de sa mère) et de n'être en peine, faute de feuille de mûrier, craignant de le laisser mourir de faim, l'entretenir avec des tendrons d'orties, des nouvelles laitues, des feuilles de rosiers, et semblables drogueries. Mais étant tombé en cette nécessité, le meilleur sera de se servir en cet endroit de la feuille d'orme, en certain cas mangeable par les magniaux, dont ils reçoivent soulagement, pour quelque sympathie qu'elle a avec celle de mûrier. Laquelle peine prévoyant de loin, il faudra planter quelque petit nombre de mûriers dans les jardins, en lieu chaud, à l'abri de la bise, et là par bonne culture, par fumier et arrosement, les hâter à bourgeonner bientôt : par cet artifice avançant son naturel tardif. Et ce sera pour éviter la perte du bétail, quand étant éclos de nouveau, la feuille de mûrier se gâte universellement par gelées et frimats survenant à l'impourvu (ainsi qu'on a vu en Languedoc, Provence et terres voisines, ces années passées) si l'on tient les mûriers destinés à ce particulier service couverts contre le mauvais temps, à la manière que le prudent jardinier tient ses précieuses plantes, lesquels mûriers préservés de ces tempêtes, nourriront le bétail en attendant que les autres arbres aient rejeté. Et comme pour trop se hâter l'on tombe en ce danger-là et en conséquence en péril de perdre, par famine, le bétail en ce commencement : aussi différer de faire éclore les vers, les expose au hasard de les faire mourir sur leur fin, quand par cette tardiveté leur montée se rencontre en temps fort chaud, contraire à leur naturel. Parce qu'étant alors échauffés pour la soie dont ils sont remplis, ils ne demandent que rafraîchissement, pour achever à l'aise leur tâche. A ces difficultés est pourvu, par le moyen des mûriers avancés sus-mentionnés, lesquels fournissant de feuille hative sans regret, vous avancerez de même l'éclosion des vers: ce qui se rapportera à la fin de leur vie, dont elle demeurera d'autant plus assurée que moins vous aurez à craindre qu'elle rencontre au temps des grandes chaleurs. Les froidures restantes de l'hiver ne sont pas tant importunes, au commencement de la vie des vers, que les chaleurs à la fin d'icelle : d'autant qu'aux froidures il y a quelque remède pour le soulagement des vers qui est en les tenant bien clos, et échauffés, avec des braises durant les mauvais jours de froid; mais contre les chaleurs, autre ne se trouve que la commodité du logis, seul moyen de garantir ces bestioles de cette nuisance.

Le point de la lune est aussi observable en cette action. Les vers désirent d'éclore et de filer la soie durant le montant de la lune, d'autant qu'alors ils se trouvent plus robustes qu'en sa descente. Cela ne se peut accorder partout ni en tout temps, pour la diversité des régions et des saisons plus chaudes ou plus froides les unes que les autres, raccourcissant ou allongeant la vie de ces animaux. Si vous êtes en lieu auquel les magniaux emploient huit semaines à leur besogne, ainsi que communément font en l'endroit plus froid que chaud, ou en temps extraordinairement refroidi, la chose rencontrera en telle sorte, qu'en semblable point de lune qu'ils écloront ils fileront aussi. C'est pourquoi, naissant au premier quartier de la lune, huit semaines après étant aussi le premier quartier, les vers se trouveront filans. Mais où, par le bénéfice du climat, la nourriture est aussi avancée, comme vers Avignon et par tout son voisinage, n'étant plus longue que de quarante ou quarante-cinq jours, il est impossible de disposer ainsi ce négoce pour l'imparité des jours. C'est pourquoi, laissant l'évènement de la fin en la main de Dieu, la nourriture se commencera en la montée de la lune (si toutefois la feuille de mûriers, qui jette le fondement de ce ménage, le permet ainsi) afin que les vers fortifiés dès leur commencement par l'influence de cette planète, aillent avec elle en augmentant. Les faisant naître depuis le second ou troisième jusqu'au cinquième ou sixième jour de la lune, la montée de ces bestioles, selon la supputation dernière, tombera vers le commencement de la descente de la lune, quelques jours avant sa pleneur, laquelle, ayant encore beaucoup de force, en communique aux vers à suffisance.

Pour faire éclore la graine à point nommé, la faut changer de son premier vase en boîtes de bois garnies en dedans avec du coton ou avec des étoupes défilées collées contre, après couvertes d'un papier blanc afin de contenir la graine chaudement et sans perte. Au-dessus de la graine, on mettra un petit lit d'étoupes, et sur icelui un papier dru percé comme un crible à trous menus, chacun capable d'y passer un grain de millet seulement. Les vers, sortant de leurs œufs, passeront à travers les étoupes et le papier percé, après en avoir laissé les écailles sous les étoupes, s'allant attacher à la feuille de mûrier, posée à cet effet au-dessus du papier percé, d'où pris, sont transportés et logés ailleurs, comme sera montré.

Et afin que cela vienne comme il faut, il faudra aider les vers à éclore, en ajoutant à leur naturelle chaleur celle qui provient de l'artifice. On tiendra continuellement les boîtes dans un lit bien encourtiné entre deux coëtres de plumes, modérément échauffées avec la bassinoire. De deux en deux heures, sans y épargner la nuit, on les visitera pour en retirer les vers à mesure qu'ils naîtront. Cette fréquente visite est nécessaire, tant pour cette cause là, que pour renouveler la chaleur du lit, en le rebassinant souventes fois afin de tenir la semence également chaude, de peur que par paresse la laissant refroidir, elle ne se morfonde à la ruine des vers. Des boîtes l'on tirera les nouveaux vers, pour les ranger dans des cribles avec des papiers au fond, ou autres vases appropriés à les recevoir en leur commencement; et de peur de les blesser en les changeant comme à cela leur tendresse les assujettit, l'on ne touchera que la feuille, à laquelle s'étant attachés, ils seront avec elle enlevés et logés dans les vases. Là seront chaudement tenus durant quelques jours pendant lesquels vous les accoutumerez à l'air petit à petit, afin que la violence du changement ne les fasse périr. Comme au contraire ils périraient par trop de chaleur si on ne s'avisait de la tempérer par raison, allant de degré à degré, les tenant moins chaudement un jour que l'autre, à mesure qu'ils s'avancent en temps, sans rétrograder, c'est-à-dire, de ne les approcher plus de la chaleur, ayant commencé de les éloigner, pour crainte de les cuire ou étouffer, jusqu'à ce que l'âge décharge leur gouverneur de cette peine. Les cribles, grandes boîtes, ou autres réceptacles couverts de linge, garnis au fond de papiers, seront mis reposés dans des lits fermés avec des rideaux pour parer ces bestioles des vents et froidures pendant les quatre ou cinq premiers jours de leur tendre jeunesse, puis de là seront transportés dans une chambrette chaude et bien close, hors de la puissance du vent, sur des tables bien nettes et polies, couvertes de papier, pour y commencer leur ouvrage. On les logera près les uns des autres, afin qu'ainsi pressés par unité conservent leur naturelle chaleur : ce qu'ils ne pourraient faire étant au large en ce commencement jusqu'à ce qu'engrossis, un plus ample logis leur soit donné; mais ce sera sous cette nécessaire observation, que de ne mélanger confusément les vers, mais il faut les distinguer par le temps de leurs âges pour l'importance de cette nourriture, touchant l'épargne. Car si dès le commencement a été pourvu à cet article avec curiosité, assemblant les vers par journées de leur naissance sans les entremêler ensemble, on les verra sans désordre s'entr'accorder durant leur vie en toutes les œuvres, en mangeant, en dormant, en filant avec beaucoup de plaisir accompagné de profit, pour l'abondance de soie qui en sortira : but de ce ménage. A faute de laquelle singularité, il y aurait de la confusion à votre nourriture, les vieux magniaux ne s'accommodant jamais avec les jeunes, les uns voulant dormir pendant que les autres mangent, et manger quand est question de monter ; mais avec la disposition susdite, l'ouvrage parvient à bonne issue. Par cette distinction, les races sont séparément conservées, comme il est très-requis, pour se servir des espèces de ce bétail, selon l'avis qu'on prendra par leur valeur par l'effet de leur besogne.

Au lieu des cribles et grandes boîtes dont nous nous servons en cet endroit, les Espagnols s'accommodent de vases qu'ils appellent *Garbillos*, faits avec de la paille d'ozier, de jonc ou d'autre matière légère qu'ils enduisent en dedans avec de la fiente de bœuf, dont ils font une incrustation, laquelle séchée au soleil rend les vases odorants, de senteur agréable aux vers, et chauds à suffisance. Lesquelles qualités jointes à la capacité des vases font que d'iceux se servent assez longtemps ; car c'est jusqu'à la troisième mue qu'ils y tiennent les vers; faisant si grands ces *garbillos*, et s'en fournissant de si grand nombre, qu'il suffit pour satisfaire à leur dessein.

Pour plus d'aisance, un logis aux vers est expressément dressé pour les y tenir unis ensemble, néanmoins par différentes séparations, jusqu'à la seconde ou troisième mue, si on veut, où ils se conservent et chaudement et hors du danger des souris, chats, poussière et autres injures, avec plus d'assurance qu'en autre endroit. C'est comme une grande garde-robe ou garde-manger faite à plusieurs étages, éloignés l'un de l'autre de quatre doigts ou demi pied, sur lesquels le bétail est reposé sans aucunement se presser. Ces étages sont comme petits planchers, composés ou de légers ais de bois de sapin, ou d'autres à ce propre, ou de roseaux refendus, ou de longue paille, et posés si proprement qu'on les puisse séparément ôter et remettre à volonté, en les glissant comme liettes pour facilement visiter et panser le bétail. On les enduira de fiente de bœuf, à l'espagnole, si on le désire ainsi, et cette curiosité aura été trouvée utile, afin que rien ne manque à l'élèvement de nos vers. Le logis sera entouré de toile clouée à des huis comme châssis ouvrant et fermant de trois côtés, et au-devant des châssis un venteau sera ajouté, pour, en le fermant au besoin, tenir tant plus chaudement le bétail, et en l'ouvrant lui donner de l'air comme on voudra. Ainsi avec beaucoup plus de commodité les vers seront logés en leur première jeunesse, qui est lorsque plus ils en ont de besoin, passant en assurance ces pas glissants de leur âge tendre, où plusieurs périssent à faute de bonne habitation, afin qne fortifiés avec le temps, et sortis de là, soient changés en plus ample logis comme sera montré.

Il est à souhaiter que les vers naissent tous dans quatre ou cinq jours d'intervalle, depuis les premiers éclos jusqu'aux derniers ; ne faisant jamais guère bonne fin ceux qui tardent davantage, mais chétifs et paresseux achèvent leur vie en langueur et souventes fois sans profit. C'est pourquoi à cela on incite la graine, la chauffant avec grande diligence, comme a été montré : moyennant lequel ordre, peu de graine reste à éclore. Il ne faudra donc faire état de la graine qui sera restée dans les boîtes après ledit terme, ni des vers aussi qui seront ainsi tardifs, mais rejeter tout cela comme inutile. Cette naissance de compagnie est l'un des plus notables articles de ce ménage, dont finalement avec épargne sort le profit selon le projet, parce que ce bétail étant né presque en même jour, plus facilement est-il traité que s'il était de divers âges. Il est aussi dit qu'il souffre beaucoup par les froidures et par les chaleurs et en tout âge : car jeune, le froid l'importune étrangement, ayant grande prise sur lui, qui est la plus débile et délicate bête qui se nourrisse, et vieux la chaleur le tue, quand, en sa grande force, elle le trouve gros et importun pour la soie dont il est rempli, ce qui le contraint de rechercher la fraîcheur. Par contraires remèdes l'on pourvoit à ces choses, mais l'on défend avec moins de difficulté les vers de la froidure que de la chaleur. C'est en les tenant étroitement en leur commencement et largement à la fin, peu à peu selon leur âge les élargissant pour finalement les mettre du tout à leur aise sur les étaudis. Cependant il faut employer à propos selon les occurences, les échauffements, par l'aide du feu ; et les rafraichissements par les fenêtrages du logis.

Les vers à soie durant leur vie changent quatre fois de peau (ainsi que le serpent une fois l'année) qui leur causent autant de maladies, pendant lesquelles ne mangent du tout rien, mais, immobiles, ne font que dormir, passant ainsi leur mal. Ces maladies (pour ces raisons appelées des Espagnols, *Dormilles*) sont comparables à celles des petits enfants : *petite vérole*, *rougeole*, *scinipion*, *esclate*, et autres, que de nécessité ils ont en leur jeunesse, desquelles ils sortent étant bien gouvernés. Ainsi par bonne conduite nos vers se sauvent de ces maux nécessaires, évitant le péril de la mort : toutefois avec plus de difficulté des derniers que des premiers, pour l'âge, n'étant plus travaillés vieux que jeunes ; comme il arrive aux hommes, qui n'ayant eu en saison les maladies de la jeunesse, en étant frappés plus tard, plus dangereuse en est aussi l'issue. Outre ces maladies ordinaires, les magniaux en ont des accidentelles provenant du temps, de la viande, du logis, de la conduite, lesquelles on guérit moyennant des remèdes particuliers comme sera montré. En la cure des ordinaires, il ne faut point d'artifice que s'abstenir de donner à manger aux vers lorsqu'ils refusent la viande et leur en donner modérément, l'appétit leur étant revenu: toujours les paître de bonne feuille et les tenir nettement. La première maladie mue, dormille, dépouillement (diversement appelée) vient au huitième ou dixième jour de leur naissance, les suivantes huit ou dix l'une de l'autre, plus ou moins, selon le climat et qualité de la saison, dont la chaleur raccourcit l'intervalle de ces termes. A quoi sert aussi la bonté de la viande et le grand soin; car tant plus l'on donne à manger à ce bétail de feuille bien qualifiée (si toutefois ils veulent) tant plus en sera courte leur vie.

La maladie des magniaux se reconnaît premièrement à la tête, qui s'enfle lorsqu'ils veulent muer : d'autant qu'en cet endroit commencent à se dépouiller, mais plus apparemment dans les dernières mues qu'aux suivantes, ne pouvant en la première presque discerner que c'est, pour la petitesse de l'animal. Pendant qu'ils s'endorment se faut abstenir de leur donner à manger (car aussi ce serait peine perdue) seulement quelque peu de feuille leur jettera-t-on, pour substanter ceux d'entre les dormants qui veillent, lesquels, par ce moyen discernés, seront séparés d'avec les autres, pour être assemblés avec ceux qui sont du même âge. Commençant au troisième, chaque maladie leur tient un couple de jours à se mettre en santé, ce qu'on reconnaît au manger qui leur revient avec beaucoup d'appétit. Alors on leur baillera la viande, mais peu, afin de ne les soûler trop tôt, augmentant leur ordinaire de jour à autre, selon qu'on les verra affectionnés à repaître.

Deux fois le jour, matin et soir, à heures certaines, on donnera à manger aux vers, et ce depuis leur naissance jusqu'à leur seconde mue ou dormille, limitant ainsi leurs repas. De la seconde à la quatrième et dernière, trois, et d'icelle jusqu'à la fin de leur vie, quatre, cinq, six, et en somme autant qu'il vous plaira, et que vous verrez le bétail pouvoir manger. Car alors ne leur faut épargner la viande, mais en les soûlant, les achever de remplir, les hâtant à force de manger à achever leur tâche. Et comme le tonneau ne versera jamais s'il n'est plein, aussi ces vers ne vomiront leur soie que leurs corps n'en soient remplis, laquelle s'engendrant de la feuille de mûrier, tout aussi tôt elle se trouve prête à être filée, que la quantité de feuille destinée par nature à cette œuvre aura été dissoute. Par cette sollicitation ne se consume plus de feuille que si on la distribuait chichement : d'autant que dans huit jours les magniaux en mangeront bien autant peu à peu que dans quatre donnée libéralement. C'est donc sans occasion qu'on craint la dépense, qu'au contraire de cette libéralité (outre que tout bien compté on ne dépense rien davantage) provient cette épargne que gagnant temps, les frais de la nourriture en deviennent moindres. Après on remarquera très-soigneusement les qualités de la feuille comme article donnant coup à cette nourriture. Toute feuille n'est pas propre, quoique produite par mûriers sans reproche, arrivant quelquefois que par extrémité de sécheresse ou d'humidité, par bruines, gouttes chaudes et autres intempéries du temps, toute la feuille ou partie des meilleurs arbres devient jaunâtre ou tachetée et maculée, signe de pernicieuse nourriture. De celle-là il ne faut faire état, non plus que celle qui croît hors du regard du soleil dans l'intérieur des arbres touffus, ou aux vallées ombrageuses, ni de la mouillée par pluies ou rosées ; mais il faut rejeter ces feuilles-là comme viciées, sans s'en servir, de peur de faire mourir le bétail. La feuille de rejet mettra-t-on en même prédicament ; c'est-à-dire celle qui comme regain des prés sort des arbres déjà effeuillés, que les ignorants emploient à faute d'autres ; mais avec trop de hasards, à cause de sa maligne subtance contraire à l'animal, cela provenant de l'inégalité de leurs âges. Car il ne faut qu'un repas qu'on leur en donne pour les faire périr de flux de ventre, que cette nouvelle feuille leur acquiert, parce que pour sa tendresse le bétail en mange de si grande affection qu'il s'en remplit jusqu'à crever. Partant, ceci sera pour maxime, que les vers à soie seront toujours nourris de feuille de leur âge, afin que par bonne correspondance aussi faible et forte se rencontre la feuille, que faible et fort sera le bétail, selon le temps de leurs communes naissances. Le vice de la feuille mouillée se corrige par patience, car il ne faut qu'attendre que les pluies soient passées et les rosées abattues pour l'amasser, s'y mettant en œuvre après que le soleil aura frappé quelques heures dessus les arbres, non jamais devant. Mais autres mal qualifiées, il n'y a aucun moyen pour les corriger, desquelles, comme pernicieuse viande, se faudra abstenir. L'on ne se saurait prendre garde de la dépense de ces petits animaux durant leurs trois premières semaines, à cause de leur jeunesse et petitesse de corps, qui les fait contenter de peu, et ce peu encore pris dans les endroits perdus des arbres, comme aux pieds, aux branchillons d'entre les bonnes branches et ailleurs, d'où pour le profit des arbres il les faudrait aussi couper. Au commencement, on va à la feuille à pleins mouchoirs, après avec des petits paniers, puis avec des grands, et finalement on emploie à cet avictuaillement et corbeilles et sacs, leur croissant la mangeaille à mesure qu'ils s'avancent en âge.

J'ai montré comme il est nécessaire que la feuille soit maniée avec les mains nettes, pour le danger qui provient de la saleté. Le gouverneur de ces magnifiques animaux, se prendra garde de ce point pour être lui-même exemple de netteté à tous ceux qu'il a sous sa charge ; afin qu'aucun d'eux n'en approche autrement qu'il faut. Le gouverneur n'oubliera de boire un peu de vin dès le grand matin, avant que de se mettre en œuvre, afin qu'en communiquant l'odeur de cette liqueur aux vers, il les préserve de toute puanteur, spécialement de la mauvaise haleine des personnes (plus forte étant à jeun qu'après avoir mangé) que ces animaux craignent beaucoup. C'est pourquoi l'entrée dans leur logis n'est pas permise à toute sorte de gens indifféremment, évitant par là que la trop libre fréquentation apporte au bétail, ce que le vulgaire superstitieux attribue sottement à l'œil, croyant y avoir des personnes qui par leur regard apportent malheur aux vers ; mais c'est plutôt et assurément le souffle de mauvaise senteur qui lui cause des indispositions. Pour lesquelles considérations le logis sera balayé chaque jour, et, pour le tenir en bonne odeur, il faudra souvent arroser le pavé avec du vinaigre, après le couvrir de quelques herbes de bonne senteur, comme de lavande, d'aspic, de romarin, de thym, de sarriete, de serpolet et semblables, y ajoutant parfois du parfum fait avec de l'encens, du benjoin, du storax et autres drogues odoriférantes, qu'on brûlera sur des charbons parmi les salles et chambres. Les tables des magniaux seront de même souvent nettoyées, ne souffrant que le bétail séjourne longtemps sur la litière, laquelle on ôtera de trois en trois ou de quatre en quatre jours après la seconde mue, pour tenir le bétail très-nettement et fraîchement, lors même que les chaleurs s'approchent, dont il est importuné, jusqu'alors n'étant pas nécessaire d'y aller si soigneusement, pour être la litière durant les froidures plutôt utile que nuisible au bétail, se tenant chaudement parmi elle, pourvu qu'on n'en abuse pas.

A l'imprévu quelquefois retournent des bouffées violentes de froidure contre l'attente et le cours de la saison, très-nuisibles à nos vers à soie. A ces événements on remédie en tenant soigneusement closes toutes les ouvertures du logis, portes et fenêtres, jusqu'aux moindres, et, en échauffant le dedans avec des braises, qu'on y apporte en divers endroits. La paresse du gouverneur a donné ce blâme à nos magniaux que d'être estimés puants, dont plusieurs les abhorrent. Ce sont les pellicules de leurs dépouillements et leurs charognes mortes mêlées parmi la litière, faite du résidu de la feuille qui sent le vert, d'où provient toute la puanteur qu'on trouve dans les chambres, non de ces nobles animaux, lesquels d'eux-mêmes ne sentent rien, non pas même leur fiente, non plus que le sablon, ayant de leur naturel en autant de détestation l'ordure et l'infection qu'ils aiment les bonnes senteurs. Moyennant l'ordre susdit, non seulement on gouvernera ce gentil bétail avec profit, mais son habitation en sera rendue

ce sera fort sobrement qu'on les paîtra et peu à la fois. Comme aussi peu et souvent il faut donner à manger à ceux qui par famine sont devenus languissants, pour les remettre et les soûler sans les engorger. Le mal est bien plus difficile à guérir de ceux qui ont été repus de mauvaise feuille, comme la jaune maculée ou trop nouvelle. Car souventes fois de celle-cî, ainsi qu'a été dit, leur vient flux de ventre qui les crève, et de celle-là la peste toute certaine. De cette maladie ici les magniaux viennent tout jaunes et tachetés de meurtrissures, de quoi vous apercevant tant soit peu ne manquez de les changer diligemment en chambre et tables séparées pour essayer de les sauver par bon traitement, ou du moins pour éviter la contagion du troupeau. Mais tenez pour désespérée la guérison de ceux qui, avec les marques susdites, seront baignés au ventre par certaine humeur leur coulant en cette partie du corps, lesquels vous enlèverez d'entre les autres pour viande aux poules. Comme les parfums aident à guérir toutes les maladies de bétail, aussi le changement de chambre en autre lui est généralement salutaire, par ce changement étant remis en vigueur. Les vers n'entreront ici en aucune ou peu de ces maladies, si le gouverneur les manie avec l'artifice et diligence susdite, en quoi, outre le hasard de tout perdre, s'épargne la peine, étant beaucoup plus aisé à détourner le mal par prévoyance que le guérir par médicaments. A quoi premièrement l'on visera, afin que par négligence l'on ne se prive du profit espéré de cette nourriture. Le grand soin étant requis à la conduite de ce bétail, contraints ceux qui l'ont en charge, non seulement d'en être près durant tout le jour, mais d'y employer bonne partie de la nuit pour les secourir à toutes occasions, lesquelles soigneusement on recherchera. Les souris, rats et chats font grand dégât à la troupe de nos vers, quand ils y peuvent atteindre, les mangeant avec grand appétit comme viande exquise. Contre ces tempêtes, pour singulier remède l'on tient des lumières durant la nuit autour des magniaux, dont l'intérieur du logis en étant éclairé, les rats et chats n'y vont qu'avec crainte et sont du tout chassés par le son des clochettes qu'on y tinte. De l'un et de l'autre l'on s'accommodera, disposant des lampes aux endroits requis, en divers lieux, aussi des sonnettes, clochettes et autres inventions menant bruit, mises en lieu facile à les remuer. Mais tout cela en vain, si souventes fois la nuit on ne va faire la ronde à l'entour du bétail, à quoi servira la lumière, qui éclairant donnera moyen d'aller et venir aisément partout. Vous empêcherez cependant qu'aucune huile ne tombe sur les magniaux ; car il n'en faudrait qu'une goutte pour leur nuire beaucoup, par les maladies que l'huile leur engendre. Ce que prévenant, on ne se servira de l'huile pour veiller que dans les lampes attachées aux murailles, et pour lumière portative à panser le bétail, de chandelles de suif, de cire ou d'autre matière, selon le pays.

Par ce traitement et de la viande et de la main, dans sept ou huit jours après le dernier dépouillement, votre bétail se disposera à payer les dépenses de sa nourriture. Ce que prévoyant de bonne heure, vous ferez préparer les rameaux nécessaires à la montée des vers, pour y vomir leur soie en s'y agraffant. A ramasser les vers (ainsi on appelle cette œuvre) plusieurs matières sont bonnes, mais non pas aucune ramûre verte, pour le danger d'offenser le bétail, se reverdissant mise en œuvre comme elle ferait le temps s'adonnant à la pluie. Les plus propres sont le romarin, le brusc, les sarments de vigne, le genêt, les jetons de châtaignier, de chêne, d'osier, de saule, d'orme, de frêne, et en somme de tout autre arbre ou arbrisseau flexible n'ayant mauvaise odeur. En l'application des rameaux, on va diversement, selon les divers avis des personnes. Après avoir nettoyé le pied des rameaux, afin d'occuper tant moins de place, on les rangera droitement comme rangs de colonnes, équidistants d'un pied et quart, peu plus ou moins, traversant les tables d'une largeur à l'autre. Le pied des rameaux joindra à la table en bas, et la cîme pour la rencontre de la table supérieure, et sa longueur se recourbera aux côtés, où se feront des petits arcs. Par cette disposition, l'estaudis ressemblera à des galeries faites à arcades, à plusieurs estages, les uns surpassant les autres, comme amphithéâtres, chose agréable à voir. Le vide de l'entre-deux des arceaux, joignant la table d'en haut, est rempli de rejetons de lavande, d'aspic, de thym et semblables arbustes odorants selon la commodité du pays, pour servir doublement. Car en cet enramement les magniaux ont à choisir de place, pour fermement y attacher leur riche matière, comme à cela ils sont fort difficiles, y allant fantastiquement, et y sont comme parfumés par l'agréable senteur de ces arbustes, dont ils travaillent gaiement en cet endroit à l'utilité de l'œuvre.

Au septième ou huitième jour donc que vos magniaux seront sortis de leur dernière mue ou maladie (pouvant bien être proprement appelée cette mue maladie, pour le mal qu'ils y endurent plus grand qu'en nulle des autres souvent jusques à mourir) vous les changerez aux tables ainsi ramassées, sans espoir de leur changer plus de place ni de litière, où vous les nourrirez à l'accoutumée, c'est-à-dire avec toute abondance, sans épargne, jusqu'à ce que vous verrez les plus hardis magniaux entrer en fréze, ce qui est prendre la route pour monter, et laquelle on prévoit par leur extraordinaire contenance, vagant par la troupe en courant, sans tenir compte de viande, et peu après les voyant écheler par les pieds de rameaux (quittant le manger) aller commencer à vomir ou plutôt à filer leur soie. Dès lors vous commencerez à diminuer leur ordinaire de jour à autre, pour ensuite ne leur en bailler du tout rien, quand, afin de s'enramer, toute la troupe aura abandonné la table ou peu s'en faudra, ne restant que les tardifs et paresseux. En cet endroit, on reconnaît ceux qui auront été longs à éclore pour s'en monter les derniers, étant une conséquence nécessaire que les premiers naissants sont les premiers filants, et au contraire. Et comme il ne faut tenir grand compte de la graine tardive à éclore, non plus faut-il faire état des vers paresseux à monter. C'est pourquoi au bout de trois ou quatre jours que les premiers auront pris le ramage, vous enlèverez les restants de toutes les tables pour les assembler en vue et les y nourrir jusqu'à leur fin. Ainsi les magniaux actifs et tardifs fileront leur soie, ce qu'ils ne pourraient faire commodément quand sans cette distinction les derniers se tiendraient sur l'ouvrage des premiers avec grand destrac, et c'est apparent danger qu'autant que ceux-là eussent achevé leur besogne, les papillons de ceux-ci par cette longueur déjà formée dans le peloton, n'en sortissent au détriment de l'entreprise. Les vers mettent deux ou trois jours à parfaire leurs écailles, pelotons ou cocons (diversement nommés selon les lieux) au bout desquels ils sont du tout achevés, comme on le reconnaît en approchant soigneusement l'oreille près d'eux. Car comme ces bêtes font quelque petit bruit en mangeant, aussi de même font-elles du bruit en façonnant leurs écosses, lequel bruit elles cessent finissant leur courage.

Voilà la soie faite, ce n'est pas pourtant la fin du labeur des magniaux ; car c'est par la graine qu'ils achèvent de travailler et de vivre, finissant leur vie par leur chère semence qu'ils nous laissent, pour se renouveler en icelle chaque année, et par ce moyen nous conserver la possession de la soie comme à leurs héritiers. Miracle de nature ! Un ver s'enferme dans son peloton de soie où il se transforme en papillon ; il emploie dix jours à cela ; au bout d'autres dix jours il en sort par un trou, à cet effet perçant le cocon, d'où se désemprisonnant retourne à la vue des hommes, mais c'est en sa figure nouvelle de papillon que s'accouplent mâle et femelle joints ensemble ; la femelle fait ses œufs ou graine, terminant leur labeur avec leur vie. Et ce qui augmente la merveille est la longue abstinence de cet animal, vivant vingt-trois jours sans prendre aucune substance, privé même de la clarté pour le temps qu'il demeure dans son écosse comme en prison.

Or, d'entrer en discours sur les qualités de cette bestiole, à laquelle manquent notablement chair, sang, ossements, veines, artères, nerfs, boyaux, dents, yeux, oreilles, écailles, épines, arêtes, plumes, poils, excepté au pied quelque subtile bourre, ressemblant à poil folet ou du ver ou autres choses communes presqu'à tout bétail terrestre, aquatique et aérien, ce serait trop philosopher, cette contemplation ravissant l'entendement humain même en ce que ce vermisseau, l'une des abjectes bêtes du monde, est ordonné de Dieu pour orner les rois et les princes, en quoi se trouve un argument suffisant pour s'humilier. Et cette particularité est remarquable en elle, qu'elle rend la riche soie toute filée, prête à dévider, vomissant le filet tout fait, duquel elle compose son peloton avec extrême soin et travail affectionné. Ce qui n'est communiqué ni à la laine, ni au coton, ni au chanvre, ni au lin, dont les hommes s'habillent, mais il faut les préparer avec artifice pour les rendre au point de filer.

Il est à propos de montrer ici le subtil artifice que l'homme a inventé pour réparer le défaut de graine et de semence des vers à soie au cas qu'elle soit perdue. Chose tirée des secrets de Nature, et recherchée avec grande curiosité, semblable à la production des mouches à miel, dont les anciens ont écrit, comme j'ai dit ci-devant. Au printemps un jeune veau est enfermé dans une étable, petite, obscure, sèche, et là nourri avec la seule feuille de mûrier vingt jours durant, sans nullement boire ni manger autre chose durant ce temps là, au bout duquel est tué et mis dans une cuve pour y pourrir. De la corruption de son corps sort abondance de vers à soie qu'on prend avec des feuilles de mûriers s'y attachant : lesquels nourris et élevés selon l'art et commune façon, produisent en leur temps, et soie et semence comme les autres. Quelques-uns raccourcissant la dépense et le chemin de cette invention en ont tiré celle-ci. De la cuisse d'un veau à lait est pris une rouelle pesant sept ou huit livres, et mise pourrir en cave fraîche dans un vase de bois parmi de la feuille de mûrier, à laquelle les vers à soie sortant de cette chair, s'attachent, d'où tirés sont traités comme dessus. Je vous représente ces choses sous le crédit d'autrui, en attendant que la preuve me donne matière de vous assurer de ce qui en est : Me plaignant en cet endroit de nos prédécesseurs avec Pline, comme il faisait des siens, en ce qu'ils disaient que le vase de lierre ne pouvait contenir le vin, et pas un d'eux n'en avait fait l'expérience. Je vous représente, dis-je, ces choses, afin que se rencontrant vraie cette création de vers à soie, et y trouvant de l'avantage,nous soyons délivrés de la peine d'en envoyer chercher la semence en Espagne et ailleurs, renouvelant le souci de s'en pourvoir chaque année. S'il est question d'en discourir là-dessus, je dirai que cet engendrement de vers à soie n'est pas mécroyable, puisque toute corruption est commencement de régénération. Nous voyons tous les jours que, des choses corrompues, sortent diverses vermines selon les diverses qualités des matières. Du taureau, et, selon l'Ecriture, du lion s'engendre l'abeille, du cheval les frêlons, de la charogne humaine le serpent. Les anciens tiennent du cheval et du mulet s'engendrer les guêpes de deux diverses sortes pour la diversité de ces deux animaux comme j'ai dit au chapitre précédent, et des ânes les bourdons. Et soit des vivres, habits, meubles, jusques au bois, partout en la terre, en l'eau, en l'air, en lieu humide, en sec, on trouve que nature crée des bestioles, vermisseaux moucherons, avec beaucoup d'admiration.

Quelques jours avant que les vers prennent la montée sur les rameaux pour vomir la soie, ils manifestent leur dessein par la lueur de leur corps, qui devient diaphane et translucide, comme raisins mûrissant : auquel point on reconnaît aucunement à la couleur de leur corps, la couleur de la soie qu'ils feront. Alors on remarque que les vers sont diversement colorés, toutefois distinctement, de jaune, d'orange, d'incarnatin, de blanc et de vert, qui sont les cinq couleurs de la soie. On discerne aussi les mâles d'avec les femelles. Les yeux prétendus des vers satisfont à cette curiosité : car la peinture d'iceux aux mâles est plus apparente de noir qu'aux femelles, lesquelles en cet endroit n'ont que de très subtiles marques et déliés filaments. Quant à la couleur de leur corps, selon les climats l'un est à préférer à l'autre. La plupart de la graine d'Espagne produit des vers blancs, et étant cette graine meilleure que nulle autre en ces climats, nous priserons aussi plus la blanche que la noire, la grise, ni autre,

Après avec la même diligence dont nous avons cultivé notre soie, finalement nous la vendangerons, cette dernière action ne pouvant qu'avec très-notable intérêt souffrir le délai, non plus qu'autre récolte de l'année. L'écume de la soie est la première matière que vomissent les vers de laquelle ils jettent les fondements de leur édifice. Ils l'attachent fermement avec beaucoup d'art entre les rameaux, lesquels chargés de ces riches cocons, ressemblent à des arbres exquis qu'on voit garnis d'abricots, de poires d'été, ou d'autres précieux fruits. Là on prend les cocons en parfaite maturité, laquelle se remarque par les adresses susdites. Tarder plus de sept ou huit jours à les désarmer serait se mettre au hasard de convertir la soie en filoselle, pour le loisir qu'on donnerait au papillon de percer son cocon, afin d'aller faire sa graine. C'est pourquoi le plus assuré sera de commencer dans le sixième jour de la montée des vers. On les prendra doucement sans froisser la bête qui est dedans, prenant par là les macules des cocons, qui viennent de leur corps crevés, se convertissant en humeur tellement gluante, que par après il est impossible d'en devider toute la soie.

Pourvoyant à l'avenir, l'on avisera à se fournir de graine pour la conservation de l'engeance. J'ai montré que le but de ce ver, après avoir ourdi la soie, est de faire de la graine pour se perpétuer parmi nous. A quoi il faut limiter sa perpétuelle affection, de peur que le laissant faire à plaisir, au lieu de la soie que nous avons de ce ménage, nous n'eussions que de la filoselle, parce que, pour faire de la graine, le ver converti en papillon, comme j'ai dit, sort du peloton qu'à cette cause il perce. Etant percé, les filets de la soie se trouvent tronçonnés, par conséquent indévidables, et ainsi l'on est contraint de carder cette matière comme laine, pour la filer; après laquelle par ce moyen perdant son lustre, où consiste le plus la beauté de la soie, est convertie en filoselle. Pour prévenir cette perte, et aussi pour n'avoir pas besoin de tant de graine, comme le naturel des vers nous en fournirait, nous nous servirons pour graine et semence, d'une partie des cocons ou pelotons, laissant l'autre pour le tirage de la soie, ainsi que ci-après sera montré. Comme pour avoir des beaux blés, on choisit les meilleurs épis pour semer, ainsi nous élirons pour semences les pelotons les mieux qualifiés, sans craindre tant la perte présente qui vient de percer que de souhaiter le profit à venir. A cette fin nous choisirons les cocons les plus gros, les plus durs, les plus pesants, les plus pointus ; de couleur de chair ou d'incarnatin, marques de valeur, en telle quantité qu'on désirera, selon cette supputation, qu'une once de graine, communément, sort de cent femelles, peu davantage, par l'accouplement de semblable nombre de mâles. Par recherche curieuse, quelques-uns tiennent que chaque femelle fait cent œufs ou grains ; et partant, une once en contient dix mille grains: mais pour l'inégalité des semences et des poids cela ne se peut accorder par tout, ni en toutes sortes de graines. Quelques-uns pour l'épargne baillent deux femelles à un mâle, croyant y pouvoir suffire : mais pour l'incertitude de l'évènement, et la grande sollicitude requise en cet endroit pour les accoupler ensemble fois à autre, le meilleur sera de s'arrêter à ce que l'expérience a autorisé pour bon, c'est en y mettant autant de mâles que de femelles. Les cocons enfermant les papillons mâles sont longuets, ceux dont sortent les femelles, gros et ventrus par le milieu ; et les deux bouts aigus plus en un endroit qu'en l'autre, se rapportant à la figure de l'œuf. Les mousses des deux bouts, n'ayant aucune pointe, ou petite, ne sont à désirer ; mais plutôt on en doit perdre la race, pour la difficulté qu'on trouve à en tirer la soie, n'étant pas possible, comment qu'on les manie, d'en sortir toute la soie du bassin, à cause de certain entrelas qui se rencontre ès pelotons qui sont de cette figure (non ès autres), empêchant de les devider, chose très-considérable et pour la quantité de la soie et pour la qualité ; car ni tant de soie, ni si belle se rendra-t-elle étant mélangée de tels cocons que si elle ne provient que des pointus.

Les pelotons ainsi choisis, seront enfilés, non en les perçant à travers, de peur de les esventer, et par conséquent les rendre inutiles, mais seulement en faisant passer l'aiguille par la première filoselle appelée *bourrette,* desquels seront faites des petites chaînes chacune composée d'autant de mâles que de femelles. On les suspendra sur des chevilles en chambre plus fraîche que chaude, toutefois sèche, afin que les papillons sortant à leur aise des pelotons, s'accouplent ensemble mâles et femelles; pour en mourant de compagnie faire leur graine, terminant ainsi leur vie. Il est nécessaire d'aider au peu d'adresse de ces vers, étant alors sur la fin de leur âge, afin de bien ménager la graine, autrement il s'en perdrait beaucoup. A mesure qu'on verra les papillons sortir des cocons, on les accouplera, mâle et femelle, s'ils ne le font d'eux-mêmes; à quoi ils se montrent très-diligents; et étant attachés ensemble, seront pour la dernière fois mis en repos sur des feuilles de noyer, étendues sur une table dressée sous les cocons, pour y achever leur œuvre, la femelle vidant ses œufs ou sa graine dessus la feuille de noyer; d'où après quoique fermement attachée contre, elle est aisément retirée; parce que la feuille étant bien sèche est facilement réduite en poudre, et icelle emportée par le vent, la graine reste nette, comme l'on désire. Quelques-uns avec beaucoup de raison, n'étendent pas la feuille de noyer sur la table, mais en font de petits faisceaux, qu'ils suspendent contre les chaînes des cocons : attendu que la femelle fait plus facilement sa graine étant suspendue pardessus le mâle que couchée de plat sur la table. Faire grener les papillons sur du papier, selon l'usage de quelques-uns, n'est pas le profit de l'œuvre, parce qu'on n'en peut ôter la graine qu'en râclant avec un couteau, dont s'en casse beaucoup. Mais encore plus mal à propos y voient ceux qui posent leurs papillons sur du linge, d'autant que la graine s'y attachant très-fermement, elle n'en peut être retirée qu'avec perte; pour laquelle éviter on est contraint de garder ce linge jusqu'au printemps, et alors en les chauffant faire éclore la graine, et d'icelle en prendre les magniaux. Par cet ordre on ne peut se servir de l'épreuve du vin, ni peser la graine, pour savoir de quelle quantité de vers vous vous chargez; d'où il peut y avoir de la confusion dans la nourriture. Ni la feuille du noyer, ni le papier, ni le linge ne sont pas si propres à recevoir la graine sortant de la bête que le camelot ou la burate, d'autant que ces matières (la graine s'y étant très-bien attachée) en est de même ôtée sans aucune violence ni déchet : car c'est seulement en frottant doucement entre les mains le camelot ou la burate qu'on la fait déprendre.

Les cocons qui auront servi pour graine ne pourront être employés qu'en filoselle, non à cause de la matière qui toujours demeure une, mais pour le tronçonnement du filet qui a été coupé par le ver, en s'y faisant un trou, pour avoir passage hors de la prison comme il a été dit. De quoi s'étant pris garde les Espagnols, épargnant les cocons mieux qualifiés pour le tirage, emploient en graine les doubles et triples, sans grande tare de la soie, si autrement ils sont de bonne marque. Aussi ne se peuvent-ils guère bien tirer à cause de la multiplicité des bêtes, lesquelles vomissant leur soie en commun, rendent l'ouvrage fort confus; dont ils sont mis au rang des percés pour la filoselle. Etre double ou triple n'est du vice du ver, mais plutôt de sa gaillardise ou souplesse. Quelquefois aussi vient du défaut du lieu, qui étant trop pressé, contraint ces animaux, pour filer leur soie, à s'entasser les uns sur les autres confusément, s'assemblant deux ou trois magniaux et davantage dans un peloton, sans distinction de mâle ni de femelle : bien qu'ignoremment quelques-uns disent qu'un double contient deux bêtes de divers sexe. La négligence du gouverneur cause bien souvent ce désordre, quand, ne se prenant garde de près au commencement de la montée des vers, il les laisse aller où ils veulent. A quoi il pourvoira les guidant convenablement, et de même recueillera ceux qui tombent à terre ; mettra les courts et paresseux dans des cornets de papier, pour faciliter leur ouvrage par là, leurs aidant à parachever leur peloton ; sans cette diligente curiosité plusieurs magniaux se perdent, soit en s'étouffant, soit en vomissant leur soie mal à propos parmi leur litière. De chaque peloton double ou triple ne sort qu'un papillon, bien qu'il y en ait plusieurs dedans ; d'autant que ne pouvant tous être morts à la fois, le premier qui en sort, en perçant le peloton par son issue, évente les autres papillons; dont morfondus demeurent imparfaits et se meurent; hormis que par rencontre leur commune maturité et issue arrive au même point et moment, ce qui ne se voit que très-rarement.

Pour l'abondance et bonté de la soie, serait à souhaiter que les pelotons fussent jetés dans le bassin, pour les tirer incontinent après les avoir arrachés des rameaux sans nullement séjourner, attendu qu'ainsi fraîchement pris, toute la soie en sort facilement et sans violence ni déchet aucun ; ce qu'on ne peut espérer du peloton gardé quelque temps, parce que la gomme avec laquelle le vers attache ses filets l'un contre l'autre, étant séchée, endurcit tellement le peloton qu'on ne les peut dévider qu'avec difficulté et perte, quelque portion de soie reste dans le bassin; et ne demeure jamais si belle que celle qui est récentement et facilement tirée. D'ailleurs, par cette diligence. on est hors de crainte que les papillons gâtent l'ouvrage, ne leur donnant pas le loisir de percer le cocon pour en sortir. Mais parce que très-difficilement on pourrait, dans sept ou huit jours, tirer toute la soie d'une nourriture raisonnable pour le grand nombre d'ouvriers qu'il y faudrait employer, l'on tiendra l'une et l'autre de ces ceux voies, à savoir, en se mettant en besogne à tirer les cocons des rameaux aussitôt qu'on s'apercevra en avoir un nombre de parfaits, les jetant directement dans le bassin, après les avoir pelés et dépouillés de leur bourrette sans autre délai; et tuer les papillons des autres qu'on est contraint de garder, afin que les bêtes étant mortes dedans, les cocons restent exempts de la crainte d'être percés, et par conséquent, réservés pour la bonne soie, puissent attendre le loisir du tireur. Cela se fait en exposant les cocons au soleil de midi, dont la chaleur étouffe la bête dans son propre ouvrage; mais il y faut user de moyen, de peur de brûler la soie. Les cocons seront mis trois ou quatre fois en divers jours, et à chaque fois y séjourneront deux heures avant midi et autant après, afin que la grande chaleur de cette partie du jour étouffe promptement les vers avant qu'ils se forment en papillons : ce qui arrivera en étendant les pelotons sur les lineeuls, et souvent les remuant leur faire à tous sentir, sans en excepter aucun, l'ardeur du soleil : à la charge toutefois de se prendre garde que par un trop rude maniement l'on ne froisse les vers dans le cocon, pour n'embrouiller la soie de la matière de leur corps, laquelle (comme il a été dit) englue tellement la soie, qu'il est impossible ensuite de la dévider : mais on les remuera tout doucement plusieurs fois le jour; puis ils seront chaudement amoncelés et enveloppés dans des linceuls, et ainsi transportés en chambre fraîche, non en cave humide, comme quelques-uns font mal à propos. A défaut de soleil (comme il arrive souvent que le ciel est couvert) il faudra recourir au four, médiocrement échauffé, ainsi qu'il pourrait l'être deux heures après en avoir tiré le pain : dans lequel à pleins sacs, on mettra les cocons qu'on reposera sur des ais, de peur que les pierres du pavé ne les brûlent. Où ils demeureront une heure ou une heure et demi, en réitérant jusqu'à ce que vous connaîtrez que les bêtes seront véritablement mortes : de quoi sans grande perte vous serez assuré en fendant un cocon des plus suspects, pour en voir l'intérieur. Vous vous prendrez garde cependant de ne brûler votre soie par trop de chaleur : ce que prévoyant, il sera plus sûr d'échauffer moins le four, et y retourner tant plus souvent, que de l'échauffer trop, et en se voulant hâter perdre l'ouvrage. Cet étouffement des vers, ou papillons déjà formés, est de grande importance; car y allant, ou ignoramment, ou avec négligence, les papillons sortiront du cocon, selon leur naturel, ou, ne pouvant du tout prendre l'air, demeureront en chemin, après s'être efforcés de passer outre, rongeant le dedans des cocons : desquels puis après on ne pourra tirer que peu de soie encore mal qualifiée; mal comparable à celui des rats, différent en ce point, que les rats rongent l'extérieur des cocons, pour manger la bête qui y est enfermée; et les papillons, l'intérieur, pour se désemprisonner. Les cocons ainsi préparés attendront le loisir du tireur. Mais ce sera avec un jusques-où, afin que, sans abuser du délai, vous puissiez conserver la soie dans sa beauté naturelle, sans déchet du poids, en l'un et en l'autre, tant plus étant deffraudé que plus longtemps les cocons seront gardés : parce que la dureté des cocons s'augmente de jour à autre, de même s'augmente la difficulté du tirage, dont la soie se tronçonne avec diminution de la quantité, et par la longue garde la qualité s'en empire. La diligence remédie à ces pertes, moyennant laquelle le cocon n'ayant pas le temps de s'endurcir trop, la soie s'en retire assez bien ; dont le tirage se continuera, sans se divertir à d'autres usages, jusqu'au dernier cocon. Ainsi vous recueillerez entièrement de cette nourriture et soies et filoselles sans aucune perte.

Après cela, les cocons seront assortis, en mettant à part les percés et les maculés d'un côté pour en faire de la belle filoselle, comme étant de la plus fine matière ; et de l'autre les entiers, les simples et les nets pour en tirer la soie belle et pure ; de tous lesquels pour un préalable on retirera la bourrette pour en faire de grossière filoselle, d'autant que c'est l'écume que la bête vomit au commencement de son œuvre.

De la façon des fourneaux, des bassins, roues ou tours, nommés à Paris dévidoirs, et à tours de guindres, ou comment on les doit mouvoir, si ce sera à la main, au pied ou à l'eau pour le tirage, il n'est pas besoin d'en parler en cet endroit ; les ouvriers ne s'accordant presque jamais ensemble, chacun ayant son style particulier. Je dirai seulement que les bassins de plomb rendent la soie plus claire que ceux de cuivre, à cause de la rouille à laquelle cette matière ici est sujette pour peu que l'eau y séjourne dedans, dont le plomb est du tout exempt. Que les roues doivent être grandes pour l'avancement de l'œuvre, lesquelles on pourra accommoder à y faire deux écheveaux à la fois. Que le feu du fourneau soit de charbon, ou du moins de bois bien sec, afin que le feu soit sans fumée, tant pour la commodité du tireur, que pour la beauté de la soie, laquelle pour sa délicatesse se noircit facilement à la fumée. Aussi est-il en la liberté de l'ouvrier de tirer diversement la soie selon les ouvrages où on la veut employer. Mais d'autant que le père de famille la désire, principalement pour la vendre et convertir en deniers, le meilleur sera de la faire plus belle qu'on pourra, ayant égard à la faculté de la matière et au désir des acheteurs.

Des pelotons provenus de vers de bonne race et nourris de feuille blanche suffira que l'ouvrier en tire une livre et demi, poids de Paris, par jour, peu moins; car par cette limite elle sera assez déliée pour s'approprier à tous usages, partant plus vendable qu'étant plus grosse. Celle-ci se tirera des pelotons simples et meilleurs, selon l'assortissement susdit, réservant les doubles et maculés (si on les veut tous assembler avec les percés pour filoselle) à en faire quelques écheveaux séparés que les marchands prennent à même prix que la fine soie, la grossière leur étant utile en quelques ouvrages. Mais ce serait enlaidir toute la soie, et par conséquent en ravaler le prix, si sans distinction l'on tirait tous les cocons ensemble. Ce que craignant les marchands, à la vue des écheveaux grossiers, achètent volontiers toute la soie, par là s'assurant n'être intervenue aucune confusion ni frauduleux mélange au tirage. Ces doubles et maculés sont fort difficiles à tirer, et encore comment qu'on les prenne, ils ne rendent que soie grossière, les mousses sont aussi en même rang comme a été dit, qu'à cette cause vous pourrez mêler ensemble. La difficulté de leur tirage sera adoucie par le fanon, mis dans le bassin en l'eau avec les cocons : le fanon aidant aussi à tirer les vieux cocons endurcis par le temps, en amollissant la gomme naturelle qui tient collés ensemble les filets de la soie, lesquels pour ce remède se laissent manier assez facilement. L'ouvrier fera deux écheveaux de soie par jour, ou quatre, si sa roue, et son autre artifice y sont appropriés; tant pour se montrer la soie plus belle en petites qu'en grandes écharpes ou écheveaux, que pour s'y employer plus des attaches qu'on fait des tronçons de la soie qu'en une seule : par ce moyen on les vend autant que l'autre. Joint que c'est la commodité des marchands qui la mettent en œuvre, étant plus propre à bailler à dévider en petit qu'en grand volume.

Les reliefs du tirage ne se pouvant loger aux écheveaux comme tronçons de soie, avec ce qui n'aura pu se dépouiller restant au bassin, seront ménagés pour être employés en tapisseries de table, de chaises, de lits et semblables meubles de la maison, mélangées en ces matières ici avec de la laine, du lin, du coton, etc. Comme aussi des bonnes filoselles avec de la fine soie seront faites des étoffes belles et profitables pour servir à l'usage de la famille.

C'est la manière de cueillir la soie, inconnue de nos ancêtres, à faute de s'en vouloir informer ; ayant longtemps cru, comme de père à fils, ce bétail ne pouvait vivre ailleurs qu'au pays de son origine. Mais le temps, maître des arts, a montré combien vaut la raisonnable recherche des choses honnêtes; de cette curiosité étant sortie la vraie science de gouverner ce bétail, qu'on emploie aujourd'hui avec aussi peu de hasard que les terres sont semées et les vignes plantées pour avoir du blé et du vin. Ainsi souvent on rencontre ce qu'on cherche, Dieu bénissant le labeur et travail de ceux qui emploient leur entendement non seulement pour eux, mais aussi pour l'utilité publique.

Telle est l'origine du ver à soie, c'est son gouvernement, c'est l'effet de l'issue de sa nourriture, animal très-admirable pour plusieurs causes, dont non petite est donnée à la conservation de sa race ; quand sans nulle dépense et petit soin, elle est gardée durant l'année, comme une chose morte, pour reprendre en sa saison une nouvelle vie.

www.ingramcontent.com/pod-product-compliance
Ingram Content Group UK Ltd.
Pitfield, Milton Keynes, MK11 3LW, UK
UKHW022135260726
13993UKWH00003B/1456

9 782329 315430